알기 쉬운

반도체

Introduction to

Semiconductor

이충훈 저

북스힐

컬러 그림

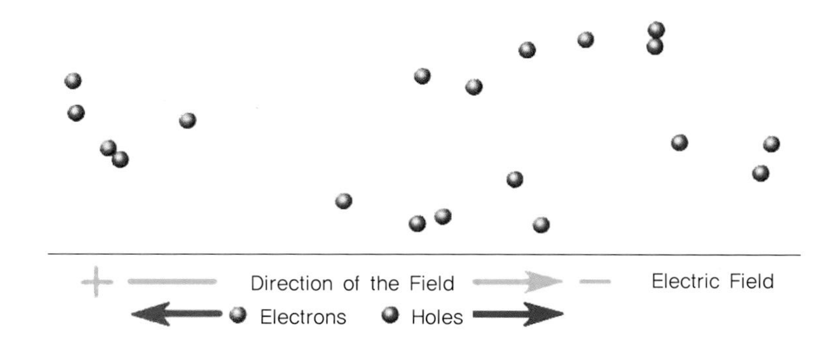

그림 2.21 전기장에 의한 전자와 정공의 표류

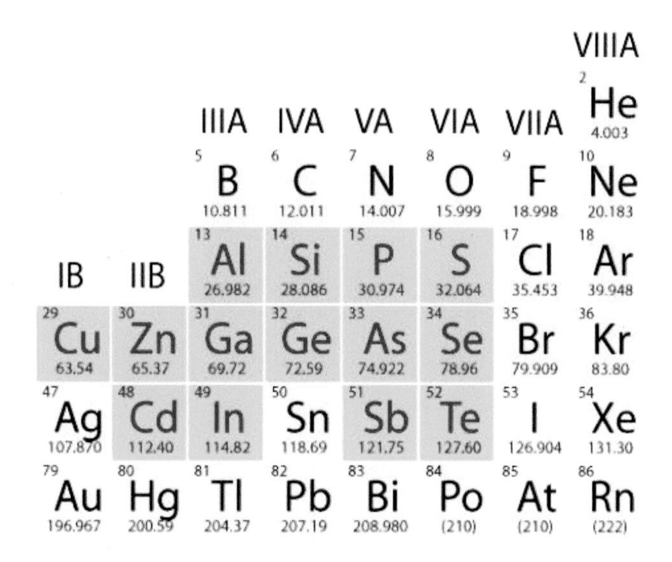

그림 3.1 반도체에 사용되는 원소들(푸른색)

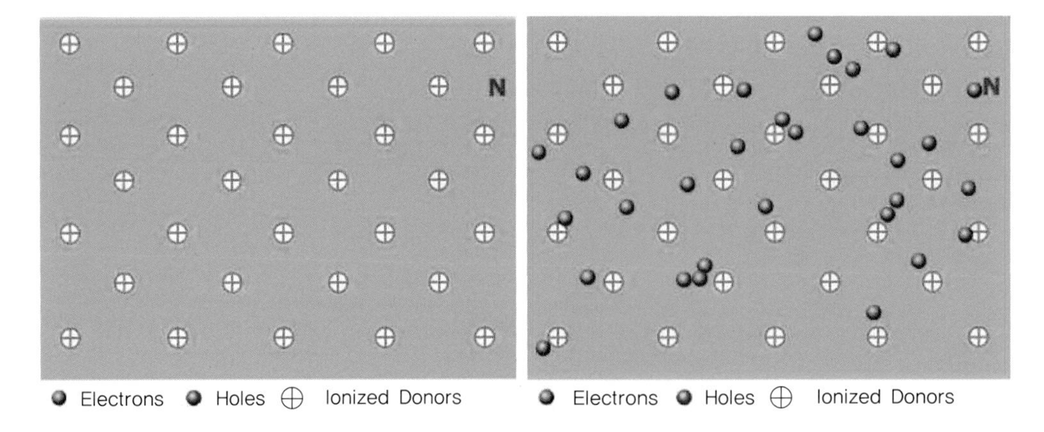

그림 3.4 n형 반도체

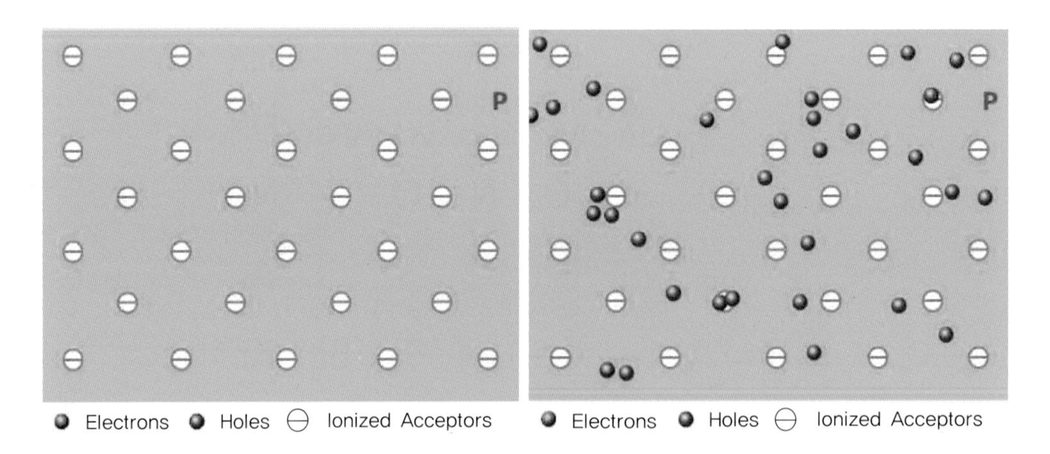

그림 3.5 p형 반도체

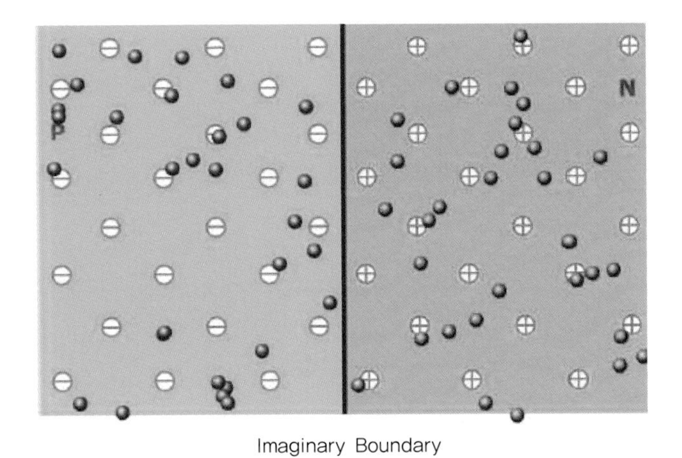

그림 3.6 p와 n 재료가 분리되어 있을 때

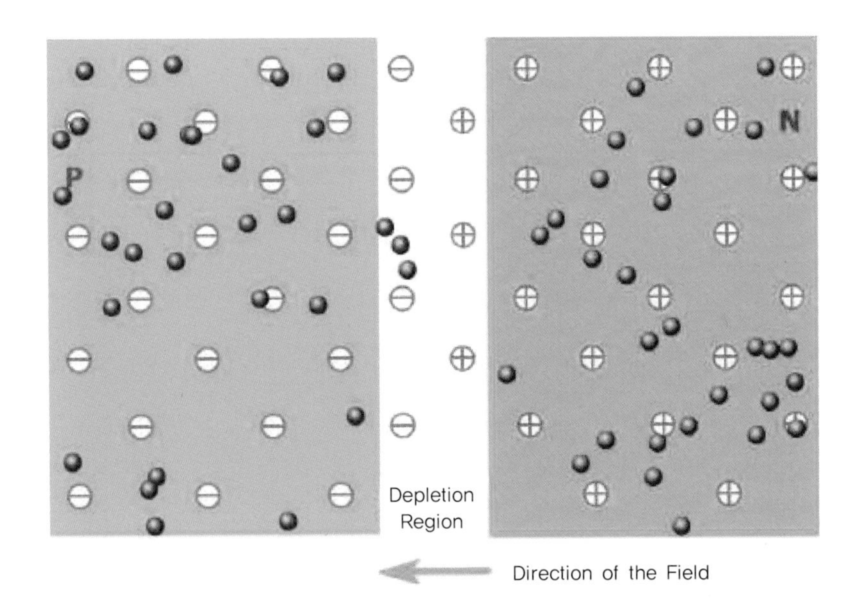

그림 3.7 p와 n의 접합 시 캐리어의 이동과 전기장 형성(1)

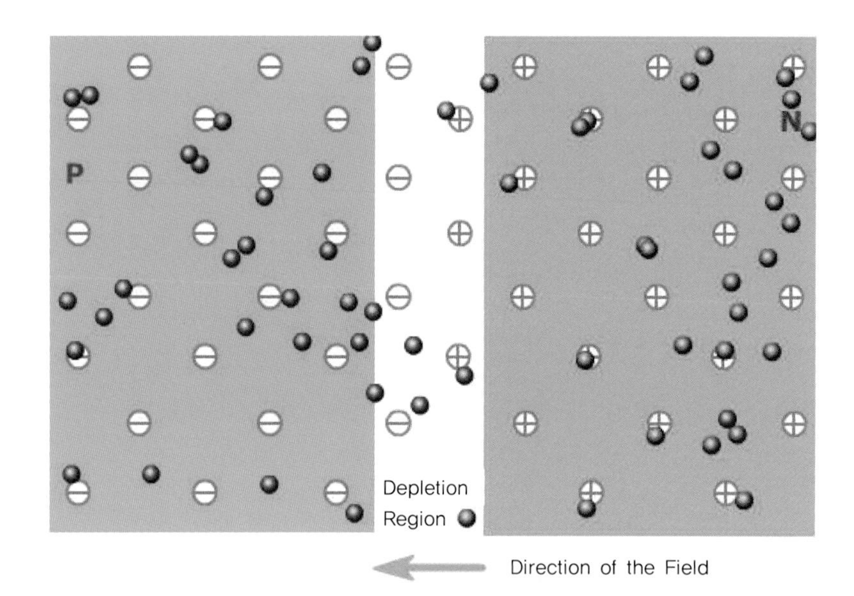

그림 3.8 p와 n의 접합 시 캐리어의 이동과 전기장 형성(2)

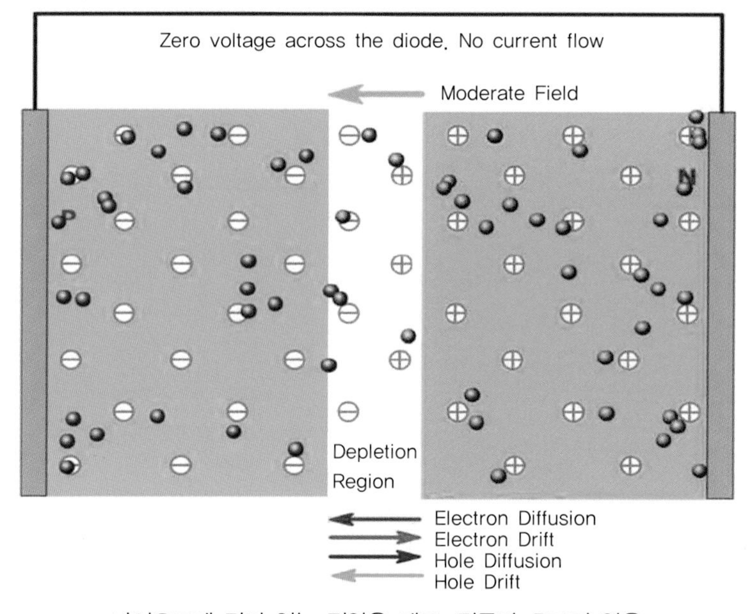

다이오드에 걸려 있는 전압은 제로. 전류가 흐르지 않음

그림 3.11 평형상태에서의 다이오드

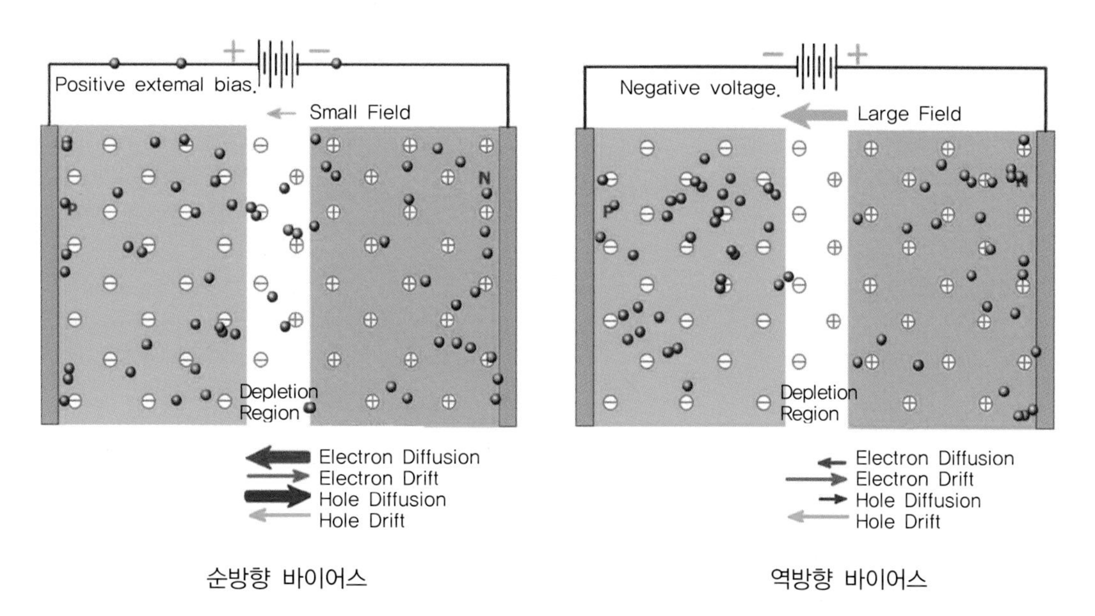

그림 3.14 전압이 인가된 상태의 다이오드

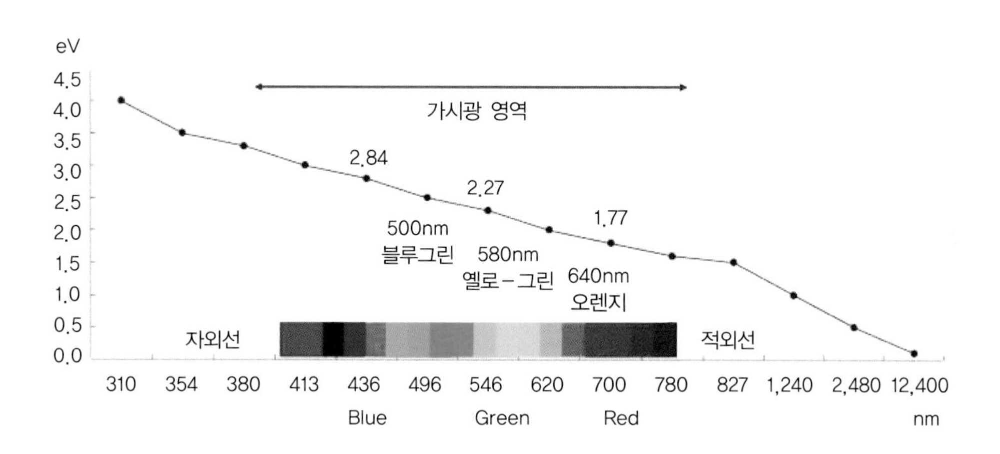

그림 4.26 에너지 준위에 따른 발광다이오드의 파장

머리말

'산업의 쌀'로 불리는 반도체는 현대사회에서 매우 중요한 분야 중 하나이다. 또한 반도체 집적회로(IC)는 각종 전자기기에 내장되어 있어, 오히려 집적회로가 들어 있지 않은 기기를 찾는 것이 어려운 실정이다. 반도체는 전자 디바이스(device)를 만드는 데에 있어서 가장 중요한 재료이고 일상의 쾌적한 생활이나 산업의 모든 분야가 없어서는 안 되는 것으로 되어 있다. 이 반도체는 금속과의 접촉, 전도형이 다른 반도체끼리의 접합 및 절연체와의 전기적·광학적으로 특이한 성질을 보이기 때문에 이들을 조합하여 다이오드(diode), 트랜지스터(transistor), 발광 다이오드, 태양전지 등의 전자 디바이스가 만들어지고 있다. 트랜지스터는 1947년에 미국의 벨(Bell) 연구소에서 발명된 이후 꾸준한 연구가 이루어져 산업용·민간용 전자 기기나 시스템 기기에 조합되어 주변에서 흔히 볼 수 있는 휴대폰, TV, 컴퓨터 등의 가전기기의 소형화, 고기능화, 저가격화 등을 가져오고 있다. 최근에 이슈화되고 있는 웨어러블 디바이스인 스마트워치, 스마트글래스, virtual reality(VR) 등도 반도체의 발전에 따른 결과물로 우리 생활에 많은 영향을 주고 있다.

반도체를 이해하기 위한 반도체 공학은 참으로 쉽고 재미있는 학문이지만, 이 분야를 처음 공부하는 사람들에게는 매우 어렵게 느껴진다. 그 이유는 반도체 공학이 반도체 재료의 물성 연구와 함께, 새로운 전자소자의 개발과 응용을 다루는 학문이기 때문이다. 실제로 고체의 양자역학적 현상 등을 단시간 내에 이해한다는 것은 매우 어려운 일이다. 반도체 관련 분야의 기존 교재들이 너무 수학적 해석에 초점을 두었기 때문에 전공하지 않은 사람들은 반도체의 기본 개념을 파악하기가 힘들었을 것이다.

이 책은 비전문가, 반도체가 무엇인지 궁금한 사람들, 앞으로 반도체를 전공해볼까 고민 중인 고교생 혹은 대학 신입생들을 위해 편찬하였다.

이 책의 구성은 반도체 소자의 이해에 도움이 되는 사전지식과 반도체의 역사, 반도체 물성의 기초를 이해하기 위해 고체를 구성하고 있는 결정 구조의 개념, 반도체의 내부 구조 및 전자의 운동, 반도체를 이용한 다양한 전자소자들, 반도체를 만들기 위한 기초 공정 및 앞으로의 전망 및 기술 현황으로 이루어져 있다.

앞서 언급했듯이 이 책은 비전문가를 대상으로 전문적인 단어를 최소화하고 쉽고 다양한 내용을 기술하여 반도체 기술에 대해 설명하다 보니 다소 미흡한 내용이 있을 수 있다. 옳지 않은 내용이나 더욱 자세한 설명이 필요한 내용이 있다면 많은 지적을 부탁드린다. 이 책이 독자 여러분에게 조금이나마 반도체에 대한 이해를 돕고, 관심을 갖게 하는 좋은 기회가 되기를 바란다. 아울러 본 책자 발간은 2013년도 산업통상자원부의 재원으로 한국에너지기술평가원(KETEP)의 지원을 받은 인력양성사업의 결과물(No. 20134030200250)이기도 하다.

마지막으로 이 자리를 통해 이 책 발간을 위해 고생하신 원광대학교 반도체디스플레이 학과 대학원생과 출판 업무와 원고 검토를 도와주신 모든 분들께 감사드린다.

차 례

05장 반도체 공정 / 103

06장 반도체 산업 / 129

01 CHAPTER

반도체란?

여러분은 트랜지스터, 다이오드 혹은 반도체란 말을 한 번씩은 들어본 적이 있을 것이다. 일상생활의 전자기기인 컴퓨터, TV, 휴대폰 등은 트랜지스터와 같은 반도체 소자를 사용하여 작고 가벼우며 뛰어난 성능을 가진 장치로 만들어진다.

여기서 "트랜지스터는 무엇으로 만들어지는가?"라고 물으면 대부분의 사람들은 "반도체"라고 답할 것이다. 그러나 "반도체란 무엇인가?"라고 물어본다면 전자공학을 공부한 사람이라도 간단하게 정의를 내리기가 쉽지 않다.

이 책은 반도체의 기본 정의부터 동작 원리, 산업 전망까지 알기 쉽게 설명하고 알아보기로 하겠다.

1.1 물질의 분류: 반도체

반도체(semiconductor)란 전기가 잘 통하는 도체와 전기가 통하지 않는 절연체(부도체)의 중간적인 성질을 나타내는 물질로, 오늘날의 전자기기에 널리 사용된다. 이 반도체들은 열, 빛, 자기장, 전압, 전류 등의 영향으로 그 성질이 크게 바뀐다. 이 특징들을 이용하여 매우 다양한 분야에 적용하고 있다. '반도체'라는 말은 절반이라는 'semi－'와 도체라는 'conductor'라는 단어에서 유래하여 'semiconductor'라고 불린다.

'Semi-' + 'Conductor' = ?
절반 도체

세상에 존재하는 물질들은 여러 가지 분류를 통해 나누어진다. 이 분류는 쓰임을 결정하는 데 있어 중요한 지침 같은 것이고, 이 분류를 통하여 그 물질에 대한 이해를 돕기도 한다. 물질의 질량, 물질의 특성, 순물질인가 혼합물인가, 원소인가 화합물인가, 그 물질이 균일한가 균일하지 않은가 등의 여러 가지 분류를 통해 점차 세분화하여 고유한 특징을 설명한다.

반도체에 대한 분류를 살펴보려면 물질들의 전기적인 특성을 이해해야 한다. 물질을 전기적인 특성으로 나누자면 전기적으로 잘 통하는 물질과 통하지 않는 물질로 나눌 수 있는데, 전기적으로 잘 통하는 물질을 도체라고 부르고 전기적으로 통하지 않는 물질을 부도체 혹은 절연체라고 부른다. 우선 도체는 conductor라고 하고 전기 또는 열에 대한 저항이 매우 작거나 없어 전기나 열을 잘 전달하는 물체로 은, 구리, 알루미늄 등을 예로 들 수 있다. 다음으로 부도체를 살펴보면 부도체는 흔히 도체에 대응하는 용어로 사용되며 전기나 열에 대한 저항이 매우 커서 전기나 열을 전달하지 못하는 물체로 설명되고 있으나 실제적으로 열이나 전기를 전혀 전달하지 않는 것이 아니라 매우 적은 양의 열이나 전기를 전달한다. 종이, 나무, 유리, 고무 등을 예로 들 수 있다.

도체와 부도체를 나누는 기준은 무엇일까. 전기적으로 잘 통하는가를 판단하는 기준은 전기 전도도와 저항률이다. 쉽게 말하면 전기가 통하기 쉬운 정도를 나타내는 값이 전기 전도도이고, 저항은 전류가 흐르는 것을 방해하는 작용을 의미하고 저항률은 전선 등의 도체 재료가 가지고 있는 고유한 저항을 말하고, 일반적으로 도체의 길이가 1 m, 단면적이 1 mm^2일 때의 저항 값을 의미한다.

- 저항(Resistance): 전류가 흐르는 것을 막는 작용. 단위는 옴(Ω).
- 저항률(Resistivity): 전선 등의 도체 재료가 가지고 있는 고유저항을 저항률 또는 고유저항이라고 한다.

저항과 전기 전도도는 대체로 상대되는 개념이므로 이 값을 이용하여 전기가 얼마나 잘 통하는지, 그리고 얼마나 통하지 않는지를 알 수 있다. 도체는 전기가 잘 통하

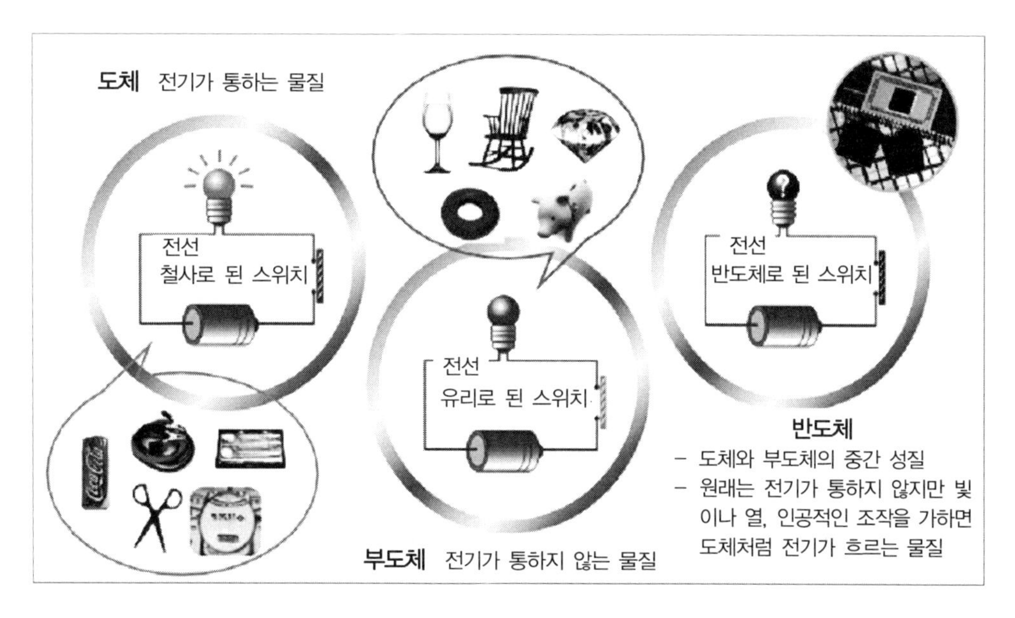

그림 1.1 도체, 부도체, 반도체

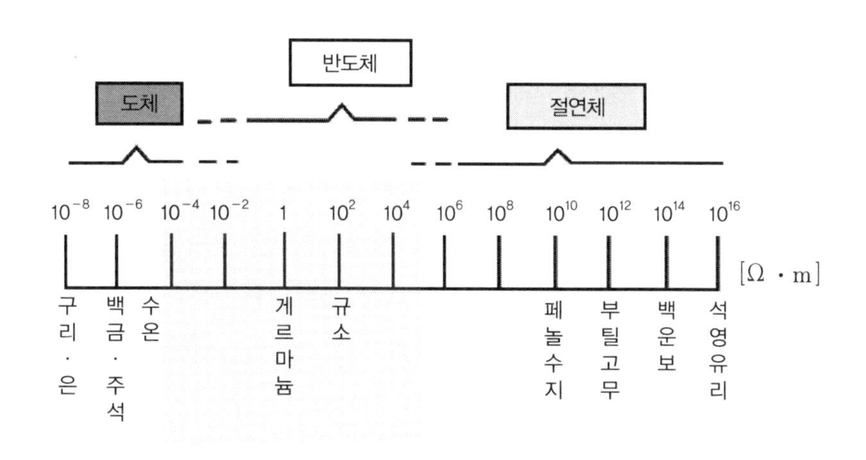

그림 1.2 도체, 절연체 및 반도체의 전기저항률

고, 부도체는 전기가 잘 통하지 않는다. 이에 반해 반도체는 도체와 부도체의 중간 정도 성질을 가지고 있으며 일반적으로 순수한 반도체의 경우 부도체의 성질을 가지고 있으나 어떠한 인공적인 공정을 거치면 전기적인 성질이 좋아진다.

반도체는 주로 주기율표의 4족 원소인 실리콘(Si)을 사용하지만 초기의 반도체 재료는 동일한 4족 원소인 게르마늄(Ge)을 사용하였다. 이 실리콘은 순수한 상태일 때는 전기가 잘 통하지 않는다. 이들의 전기 전도성을 향상시키기 위해서 약간의 불순물(약

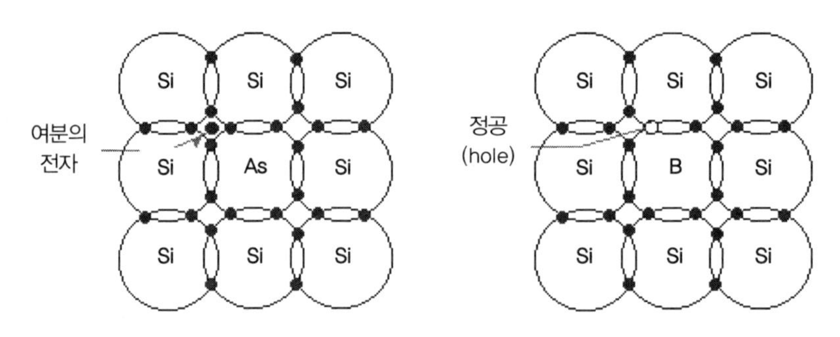

그림 1.3 p, n형 반도체의 전자와 정공

100만분의 1 정도)을 첨가한다. 4족 원소는 기본적으로 4개의 최외각 전자를 포함하고 있으므로 불순물로 5족 원소인 인(P)이나 비소(As) 등을 첨가해주면 4족 원소인 실리콘 주위로 여분의 전자가 확산되어 전도성이 향상된다. 이와 반대로 3족 원소인 붕소(B)나 갈륨(Ga) 등을 첨가해주면 4족 원소인 실리콘 주위에 전자가 빈 공간이 나타나는데 이를 정공(Hole)이라 부르며 이 빈 공간으로 전자가 옮겨 다니게 되어 전도성이 향상된다.

1.2 반도체의 특징

반도체는 여러 가지 특수한 현상을 나타내는데 광전 효과(photoelectric effect), 홀효과(Hall effect), 정류 작용(rectifying) 등이 있다.

광전 효과는 빛이 어떠한 물질에 비춰졌을 때 물질이 빛을 흡수하여 전자가 튀어나오는 현상을 말하며 오늘날의 TV, 레이저, 태양전지 등 다양한 전기장치에 응용되고 있으며 빛의 입자성을 입증한 현상이기도 하다. 음주 측정기, 디지털카메라의 CCD, 홍채 인식장치를 비롯한 얼굴 인식장치, 자동문, 자동 점멸 가로등, 복사기 토너, 태양전지 등 일상적인 생활에서도 이 현상을 이용한 반도체 소자들을 찾아볼 수 있다.

홀효과는 어떠한 물질에 전기를 흘려주고 그에 수직하게 자기장을 흘려주어 물질 내의 전자 및 정공이 서로 반대되는 방향으로 움직이게 되고, 이로 인해 상대적인 전압의 차이가 나타나는 현상을 말한다. 이를 이용하여 반도체의 특성을 파악하는 장치 및 여러 분야에 적용되고 있다.

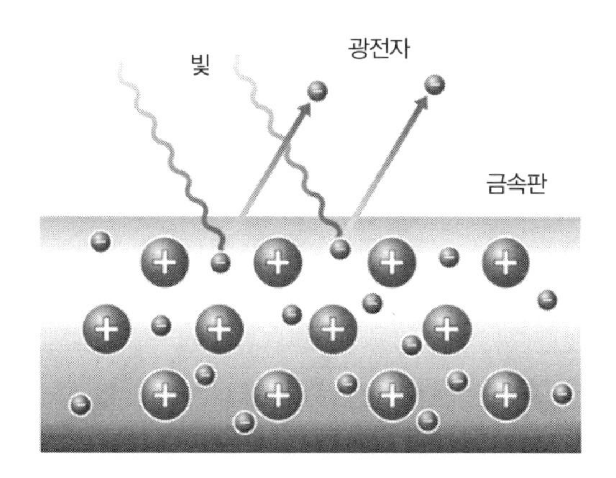

그림 1.4 광전 효과

정류 작용은 전기신호의 흐름에 따라 일정한 방향으로 흐르는 직류(Direct current, DC)와 주기적으로 방향이 변하는 교류(Alternating current, AC)라는 신호로 나뉘는데, 주기적으로 방향이 변하는 이 교류 신호를 일정한 방향으로 흐르는 직류의 신호로 바꾸어주는 작용을 말한다.

증폭작용이란 전기의 신호는 이동거리에 따라 점차적으로 약해지게 되는데 이 신호를 이동 중에 본래의 상태 또는 보다 크게 해주는 작업을 해주어 정상적으로 전기신호를 전달할 수 있게 해야 한다. 이때 본래의 신호 크기보다 크거나 같게 해주는 작용을 증폭이라 한다.

그림 1.5 외부 자기장(3과 4)에 전도체(2)가 노출될 때 발생하는 전자 흐름(1과 5)

변환은 필요에 따라 전기신호를 빛이나 소리의 형식으로 바꿔주는 작용을 말하며 LED와 같이 전기신호를 빛으로 바꾸어 출력한다. 이러한 변환 소자를 발광소자라 하고 이와 반대로 빛을 전기신호로 바꾸는 소자를 수광소자라고 하며 카메라에 사용되는 CCD 반도체 등이 있다.

1.3 발전 과정

전자제품을 뜯어보면, 그림 1.6처럼 검고 네모난 것들이 들어 있다. 보통 이것을 '반도체 집적회로(Integrated Circuit)'라고 하는데, 수천수만 개의 트랜지스터, 저항, 커패시터가 집적되어 기계를 제어하거나 정보를 기억하는 일을 수행한다.

반도체를 사용하게 된 이유는 통신기술과 계산 능력의 발달에 밀접한 관련이 있다. 통신기술은 "멀리 떨어져 있는 사람끼리 대화를 주고받을 수 없을까?"라는 초기 발상이 동기가 되어 발전되었다. 이러한 발전 과정에서 전기신호를 사용하게 되었다. 하지만 장거리를 이동하는 도중에 전기신호가 약해지는 현상이 나타났고 목적지에 도달하는 중간중간 이를 증폭시켜주는 역할이 필요했다. 바로, 이 증폭 기능을 위해 최초로 개발된 것이 '진공관'이다.

최초의 진공관은 영국의 과학자 존 앰브로즈 플레밍이 발명한 2극관이다. 그러나

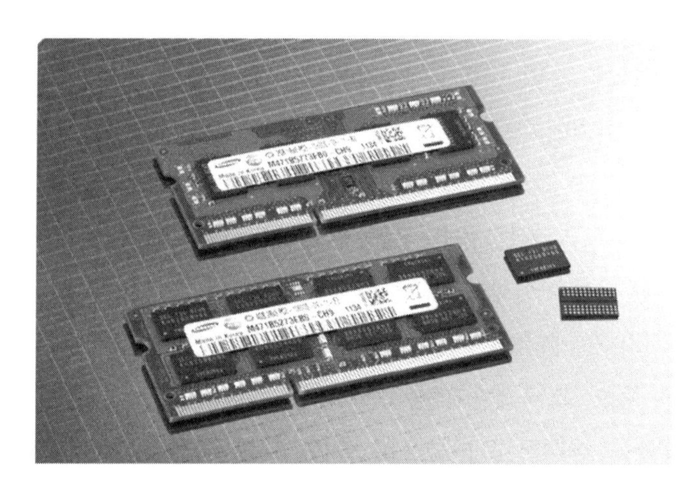

그림 1.6 반도체 집적회로 IC(Integrated Circuit)

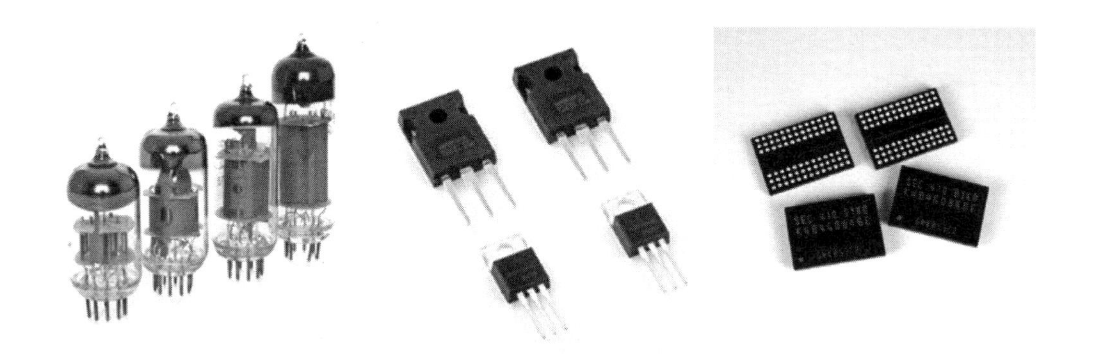

그림 1.7 진공관, 트랜지스터, IC

초기 진공관은 부피가 컸고 전자빔 발생을 위해 사용하는 필라멘트도 일정 시간이 지나면서 타서 끊어져버리는 단점이 있었다. 이러한 단점을 극복하지 않고서는 진공관으로 작은 전자장치를 만든다는 것은 사실상 불가능했다. 따라서 열을 받지 않도록 고체로 만들어진 새로운 증폭장치의 개발이 절실하게 필요했고, 이를 개선하기 위해 다이오드와 트랜지스터가 개발되었다.

1948년 벨전화연구소의 윌리엄 쇼클리, 존 바딘, 월터 브래튼 과학자 3명은 향후 전자공학 분야에 결정적인 영향을 미친 반도체로 된 다이오드와 트랜지스터를 발명하였다. 자그마한 반도체가 필라멘트와 전극을 대신하게 되었고 작으면서도 매우 신뢰성이 높은 새로운 고체증폭장치가 만들어졌다.

과학기술의 발전은 "얼마나 빠르고 정확하게 계산할 수 있느냐"는 계산 능력에 비례해왔다. 이러한 계산 능력의 발전이 계산기를 발명해냈고, 1930년대에 와서는 기계/전기 스위치를 쓰는 정도로 발전하게 되었다. 제2차 세계대전은 더 빠르고 용량이 더 큰 계산기의 개발에 박차를 가했다. 그 결과, 1946년 미국의 펜실베이니아대학에서 세계 최초의 전자계산기 ENIAC을 개발하게 되었다. 하지만 이 시스템은 19,000개 진공관의 소요로 50톤의 무게와 280 m^2의 큰 면적을 차지하면서 엄청난 열을 발생했고, 가격만 해도 1940년대 시가 백만 달러를 호가하였다.

이러한 진공관의 단점을 개선하기 위한 노력은 향후 트랜지스터의 발명으로 이어졌고, ENIAC과 같은 거대 장치 또한 2.42 cm^2의 작은 실리콘 기판 위에 만들 수 있게 되었으며, 전구보다 적은 전력 손실과 20달러 이하의 가격으로 실현할 수 있게 되었다. 트랜지스터로 인해 전자제품의 크기는 점점 작아지고 보다 정확하고 다양한 기능을

그림 1.8 집적회로

구현할 수 있었다. 그러나 이 당시 트랜지스터는 수많은 부품들을 직접 연결해주어야 했기 때문에 제품이 점점 복잡해질수록 연결해주어야 하는 부분이 기하급수적으로 증가하게 되고, 이런 연결점들이 제품을 고장 내는 주요 원인이 되었다.

이 단점은 전자제품의 소형화 및 내구성에 엄청난 단점이 되었고, 이 여러 개의 전자부품들(트랜지스터, 저항, 커패시터)을 한 개의 작은 반도체 속에 집어넣기 위한 연구가 진행되었다. 1958년 미국의 TI사의 기술자 잭 킬비(Jack Kilby)에 의해 발명되었고, 이를 집적회로(IC)라고 부르게 되었다. 기술의 발전에 따라 하나의 반도체에 들어가는 회로의 집적도인 SSI(Small scale Integration)도 MSI(Medium scale), LSI(Large scale), VLSI(Very Lager), ULSI(Ultra Large scale)로 발전하였다.

1.4 반도체의 종류(Si 특성 및 공유 결합, 원소반도체－화합물반도체)

규소는, 원자번호는 14번이고 상온에서 고체 형태를 갖는 준금속 물질이다. 녹는점은 1414 ℃, 끓는점은 3265 ℃이며 지각 내에 존재하는 존재량으로 따졌을 때 산소에 이어 두 번째로 많이 존재하며 27.6 %나 된다. 규소의 비교적 간단한 화합물인 이산화규소(S_iO_2)는 유리의 원료로서 잘 알려져 있었다. 자연계에서는 유리 상태로 나타나지 않고 산화물 등으로 존재한다.

보통 규소는 규소로 이루어진 덩어리를 숯이나 코크스를 첨가하여 고순도의 규소를 산출한다. 순도는 99 % 정도이며 여러 가지 다른 공정을 거치면 보다 순도가 높은

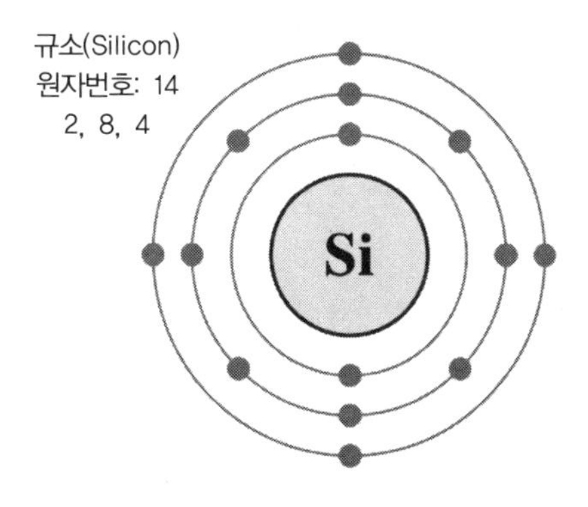

그림 1.9 실리콘 원자 구조

99.97 % 정도의 규소를 얻을 수 있다.

또한 정식적인 학명으로는 규소라 부르지만 반도체 및 관련되는 연구, 공업, 생산 전반적인 분야에서는 영문명인 실리콘이라 적고 부른다. 이 실리콘이 반도체 분야에서 사용되기 위해서는 보다 순수한 물질이어야 하며 단결정의 형태를 갖추어야 한다. 이 단결정의 형태는 하나의 원자가 일렬 혹은 한 면 혹은 하나의 개체 전체에 걸쳐 늘어져 있어 이 개개의 구조가 유지되고 있는 것을 말하며 이를 단결정의 격자 구조라고 부른다. 이와 비슷하게 단결정의 구조의 방향이 다른 것들이 모여 있는 것을 다결정이라 하며, 다시 말하면 부분적으로 균일한 결정의 구조를 말하며, 반도체 분야에 있어 이 다결정의 구조 역시 많이 쓰이는 구조이다.

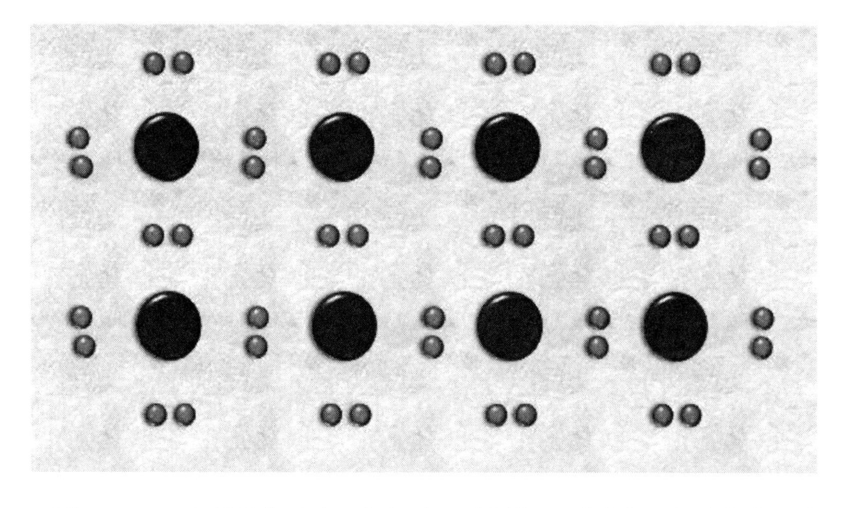

그림 1.10 Si의 최외각 전자 4개가 서로 이웃한 Si 전자와 공유 결합된 상태

기본적으로 반도체 소자의 재료로 사용되는 실리콘(규소)은 최외각의 전자가 4개로 주변의 실리콘 원자와 전자를 공유하여 결합하는 공유 결합의 형태를 갖고 있다. 이 결합 구조는 반도체에 있어 중요한 역할을 하는데 최외각 전자가 8개가 되어야 원자 자체가 안정한 상태로 존재한다.

하지만 이 순수한 실리콘으로 이루어진 구조는 원자핵에 결합되어 있는 전자가 움직일 수 없기 때문에 전기가 통하지 않는 부도체에 가까운 성질을 가진다. 즉, 이 실리콘 결정 구조 자체는 반도체로서의 역할을 수행할 수 없다는 말과 같다. 전기가 통하게 하려면 약간의 공정을 진행해야 한다. 그 공정은 진성반도체라 불리는 순수한 실리콘에 약간의 불순물을 섞어주는 공정으로 인(P), 붕소(B) 등의 물질들을 섞어주고, 이 불순물에 있는 전자나 정공이 전류를 흐르게 하는 매개체의 역할을 한다. 이러한 불순물을 일정량 첨가함으로써 원하는 전기적인 성질을 가지게 하고, 저항과 전기 전도도를 조절할 수 있는 반도체를 외인성(Extrinsic) 반도체 혹은 불순물 반도체라고 한다. 외인성 반도체는 P형 반도체와 n형 반도체 두 가지로 나눌 수 있는데, 먼저 P형 반도체의 경우 순수한 단결정 실리콘 반도체 물질에 주기율표에서 Ⅲ족 원소를 넣어주어 전자가 비어 있는 상태, 즉 정공(Hole)이 만들어진다. 이 상태의 실리콘에 전압을 걸어주면 전류가 흐르게 된다.

반면에 주기율표의 Ⅴ족 원소를 넣어주면 전자가 남는 상태, 즉 잉여 전자가 생기

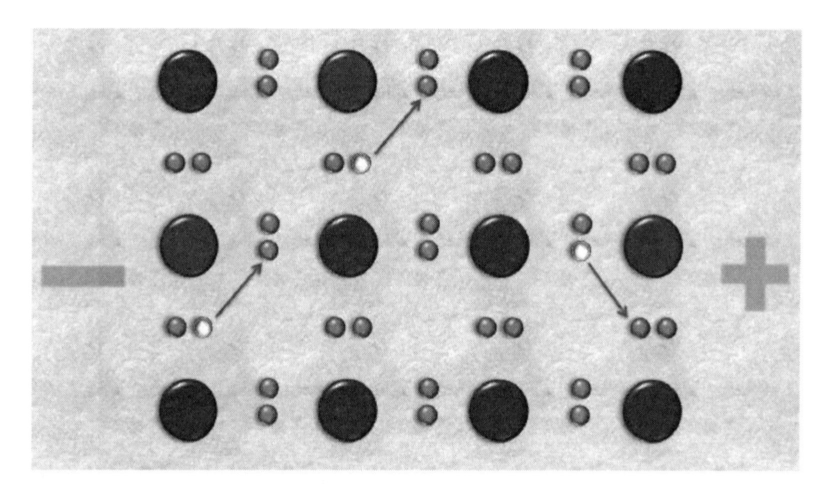

그림 1.11 Ⅲ족 원소를 doping하여 생긴 전자 빈 공간(hole)으로 인해 전류가 흐름(p type)

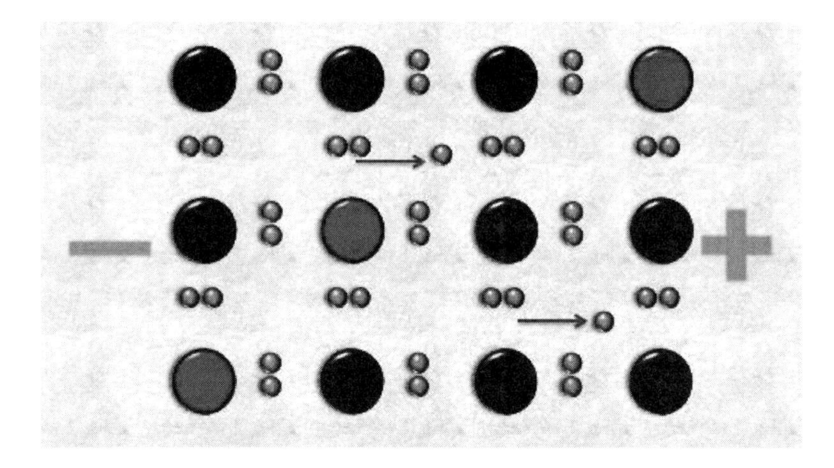

그림 1.12 V족 원소 doping으로 결합 후 남은 자유전자들로 인해 전류가 흐름(n type)

게 되는데, 이 잉여 전자를 자유전자라 부른다. 이 상태에서 전압을 걸어주면 남은 자유전자에 의해 전류가 흐르게 된다.

이처럼 한 가지의 기본적인 단일 원소로 이루어진 반도체를 원소 반도체라 하며, 실리콘(Si), 게르마늄(Ge), 셀레늄(Se) 등으로 만들 수 있다. 이에 반해 두 가지 이상의 원소를 여러 비율로 결합시켜 반도체의 특성을 가지게 하는 반도체를 화합물 반도체(compound semi-conductor)라고 하고, 일정한 조성비와 완전한 균일함을 가진다. 또한 기존 두 가지의 구성 원소들과 상이한 성질을 가지게 된다. 대표적인 예로 Ⅲ-V족 원소로 이루어진 화합물 반도체에 속하는 GaAs나 GaP의 경우, 두 가지의 원소로 이루어졌으면 보통 발광하는 소자에 사용되고 Laser나 LED 등에 사용된다.

연습문제

1. 반도체란 무엇인가에 대해 기본 정의를 내려보라.

2. 원소반도체, 화합물반도체 및 합금반도체의 대표적인 종류를 들고 주로 어떤 용도로 이용되고 있는지 설명하라.

3. 실리콘, 게르마늄 등의 반도체는 공유 결합에 의해 고체화된다. 공유 결합에 대해 설명하라.

4. 속박전자와 자유전자(또는 전도전자)의 차이점을 설명하고, 반도체에서 자유전자가 만들어질 수 있는 조건에 대해 설명하라.

02 CHAPTER

반도체 물성

반도체는 금속과 절연체의 중간 정도의 전기전도도를 갖는 일련의 물질을 말한다. 이들 물질의 (전기)전도도가 온도 변화, 광학적인 여기상태 및 불순물 함유량에 따라 크게 변할 수 있다는 것은 매우 중요한 사실이다. 이와 같은 전기적 성질의 융통성 때문에 반도체 재료가 전자소자 연구를 위한 대상물질로 선정되는 것이다.

반도체 재료는 주기율표의 Ⅳ족 및 그 옆에 들어 있는 물질들이며, 이 Ⅳ족에 속하는 반도체인 실리콘과 게르마늄은 원소반도체라 하며, 단일 종류의 원자들로만 이루어져 있다. 이들 외에 주기율표 Ⅲ족과 Ⅴ족에 속하는 원자들의 화합물 또는 일부 Ⅱ족과 Ⅵ족에 속하는 원자들의 화합물, 혹은 Ⅳ족 원자들끼리의 화합물은 화합물(compound) 반도체를 만든다.

2.1 결정 구조

원자들의 공간 배열, 즉 결정 상태에 따라 고체 상태는 비정질(amorphous), 다결정(poly crystalline), 단결정(single crystalline)의 3가지 범주로 나누어진다.

비정질은 무질서한 원자배열 상태의 고체물질이며, 다결정은 부분적으로 규칙적인 원자배열을 하고 있으나 이웃하는 영역과는 원자배열이 서로 다른 경우이다. 단결정은

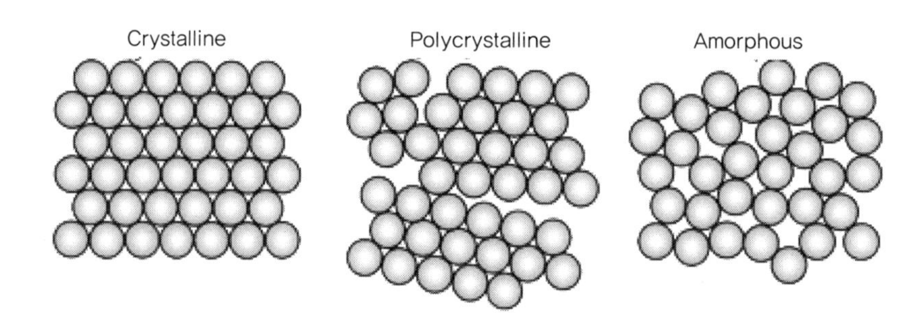

그림 2.1 고체의 원자배열 상태

원자들이 3차원적으로 전체 영역에 걸쳐 주기성을 가지고 규칙적으로 배열된 구조이다.

실제는 우리가 사용하는 반도체는 대부분 웨이퍼 모양의 단결정체이다. 단결정을 사용하는 주된 이유는 전자가 결정 내를 이동하기가 쉬우며 여러 가지 물리현상이 예측 가능하여 재현성 있고 양호한 반도체 소자를 만들 수 있기 때문이다. 그림 2.1은 고체의 원자배열 상태를 이차원적으로 보여주고 있다.

2.2 고체의 결합과 에너지 밴드

두 원자가 각각의 궤도가 겹칠 정도로 충분히 가까워지면서 고체를 형성할 때, 원자 사이의 전기음성도 차이에 따라 고체의 결합은 그림 2.1과 같이 분류된다. 일반적으로 두 원자의 전기음성도 값이 매우 다르면 이온결합(Ionic bonding), 전기음성도 값이 유사하면 금속결합(metallic bonding)과 공유결합(covalent bonding)으로 나눈다.

그림 2.2에서 두 원자 사이의 전기음성도가 유사할 때, 비금속은 공유결합을 통해 고체를 형성한다. 공유결합 중에서 특히 전기음성도가 동일한 두 원자(ex. Si－Si, Ge－Ge)와 같이 유사성이 매우 큰 경우는 각 원자가 전자를 내어놓고, 그 전자쌍을 공유하여 결합을 이룬다. 이 때문에 전하 분리가 일어나지 않는 무극성 공유결합(nonpolar bonding)을 한다. 반면에, 전기음성도의 유사성이 상대적으로 작은 경우에는 공유 전자쌍을 잡아당기는 힘에 불균형이 발생한다. 예를 들어, Ga－As의 공유결합에서는 As의 전기음성도가 Ga에 비하여 상대적으로 크므로 공유 전자쌍은 As 방향으

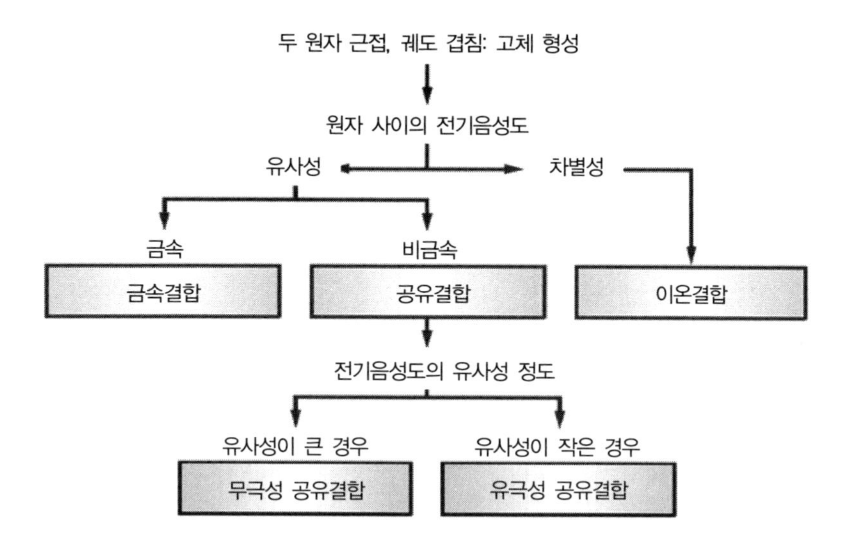

그림 2.2 전기음성도에 따른 고체 결합의 종류

로 치우치게 된다. 따라서 As은 부분적으로 음의 하전, Ga은 양의 하전을 갖는다. 이를 유극성 공유결합(polar bonding)이라 하며, 부분적인 극성이지만 정전기적인 힘인 이온결합이 존재한다고 생각할 수 있다. 원자나 분자는 다양하게 결합하여 고체, 액체, 기체와 같은 집단을 형성하는데, 이러한 결합 종류에는 이온결합, 금속결합, 공유결합, 수소결합 및 반데르발스 결합 등이 있다.

→ 전기음성도

전기음성도(electronegativity)는 원자가 결합에 관여하고 있는 전자를 끌어당기는 정도를 나타낸다. 최외각전자(가전자) 수와 핵 사이의 거리함수로 거의 채워져 있는 껍질은 완전히 채우려고 하는 성질이 있으며, 거의 빈 껍질은 쉽게 전자를 포기하는 경향이 있다. 예를 들어, Cl(가전자 7)은 껍질을 채우기 위해 전자를 얻으려고 하는 반면에, Na(가전자 1)은 전자를 쉽게 포기하려 한다. 그림 2.3은 주기율표에 나타난 폴링의 기음성도이다. 전기음성도는 주기율표상에서 같은 주기일 때는 오른쪽으로 갈수록, 같은 족일 때는 위로 갈수록 증가한다. VIII족의 비활성 원소는 전기음성도를 따지지 않는다.

전형 비금속 원소
전형 금속 원소
전이 금속 원소

금속성이 큰 원소: 전기 음성도가 작다.
비금속성이 큰 원소: 전기 음성도가 크다.

H 2.1																
Li 1.0	Be 1.5											B 2.0	C 2.5	N 3.0	O 3.5	F 4.0
Na 0.9	Mg 1.2											Al 1.5	Si 1.6	P 2.1	S 2.5	Cl 3.0
K 0.8	Ca 1.0	Sc 1.3	Ti 1.5	V 1.6	Cr 1.6	Mn 1.5	Fe 1.8	Co 1.8	Ni 1.8	Cu 1.9	Zn 1.6	Ga 1.5	Ge 1.8	As 20.	Se 2.4	Br 2.6
Rb 0.8	Sr 1.0	Y 1.2	Zr 1.4	Nb 1.6	Mo 1.8	Tc 1.9	Ru 2.2	Rh 2.2	Pd 2.2	Ag 1.9	Cd 1.7	In 1.7	Sn 1.8	Sb 1.9	Te 2.1	I 2.5
Cs 0.7	Ba 0.9	La 1.1	Hf 1.3	Ta 1.5	W 1.7	Re 1.9	Os 2.2	Ir 2.2	Pt 2.2	Au 2.4	Hg 1.9	Tl 1.8	Pb 1.8	Bi 1.9	Po 2.0	At 2.2
Fr 0.7	Ra 0.9	Ac 1.1														

그림 2.3 주기율표

전기음성도는 분자 결합에서 다음과 같이 결합의 종류를 결정한다.

- 원자들의 전기음성도가 크면, 공유결합으로 각각의 원자쌍 사이의 전자를 공유한다.
- 원자들의 전기음성도가 작으면, 금속결합으로 모든 원자 사이의 전자를 공유한다.
- 원자들의 전기음성도가 다르면, 이온결합으로 전자가 하나의 원자에서 다른 원자로 이동한다.

또한, 두 종의 다른 원자로 이루어지는 결합 A－B가 있으면, A와 B의 전기음성도의 차가 클수록 결합에 관여하는 전자는 한쪽 원자에 끌어당겨져서 이온결합성이 강해진다. 이에 반해, 전기음성도의 차가 0에 가까울수록 전자는 두 원자에 공유되는 정도인 공유결합성이 강해진다.

(1) 이온결합

이온결합(ionic bonding)은 양이온과 음이온이 정전기적 인력으로 결합하여 생기는 화학 결합으로, 원자 사이의 전기음성도 차이가 큰 주기율표상의 I족 원소인 알칼리 금속과 VII족의 할로겐 원소의 결합이다. 이때 생성물을 알칼리 할라이드(alkali halide)라 한다. 대표적인 이온결합의 예인 NaCl은 그림 2.4와 같이 Na^+와 Cl^-로 안정화를 이루며 강체구 모델에서 얻는 NaCl의 격자상수는 약 2.8 [Å]이 된다.

그림 2.5와 같이 하나의 Na^+ 이온은 6개의 Cl^- 이온과 전기적 힘에 의해 결합된다.

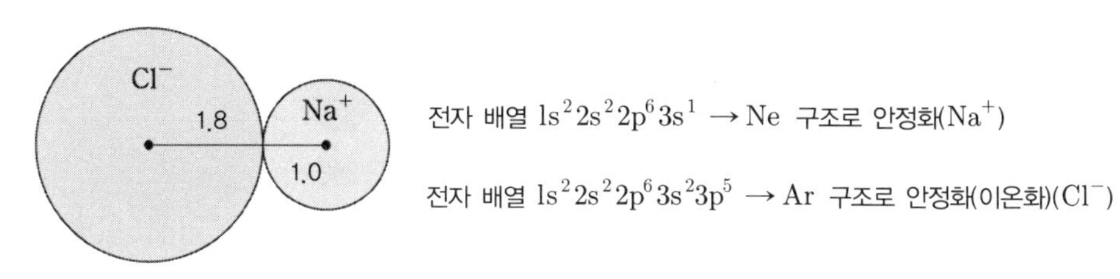

그림 2.4 대표적인 이온결합의 예인 NaCl

이때 전체 사슬은 모두 강하게 구속되므로 NaCl은 결합력이 강해 절연체 역할을 한다.

이온결합에서 각 원자의 전자에는 겹침 현상이 발생하는데, 이는 파울리의 배타율("상호작용계에서 전자는 동일한 양자수의 묶음을 갖는 에너지 준위를 가질 수 없다.")에 위배되므로 고립원자의 에너지 상태는 변화해야 한다. 또한, 고체의 형성(원자 사이의 간격 감소)은 그림 2.6과 같이 핵과 전자 사이의 반발력과 상호 인력이 작용하므로 원자 사이의 거리는 이 두 힘의 합이 가장 안정한 평형 조건하에서 결정된다. 모든 결합에서도 이와 같은 평형 조건으로부터 결합 간격을 정의한다.

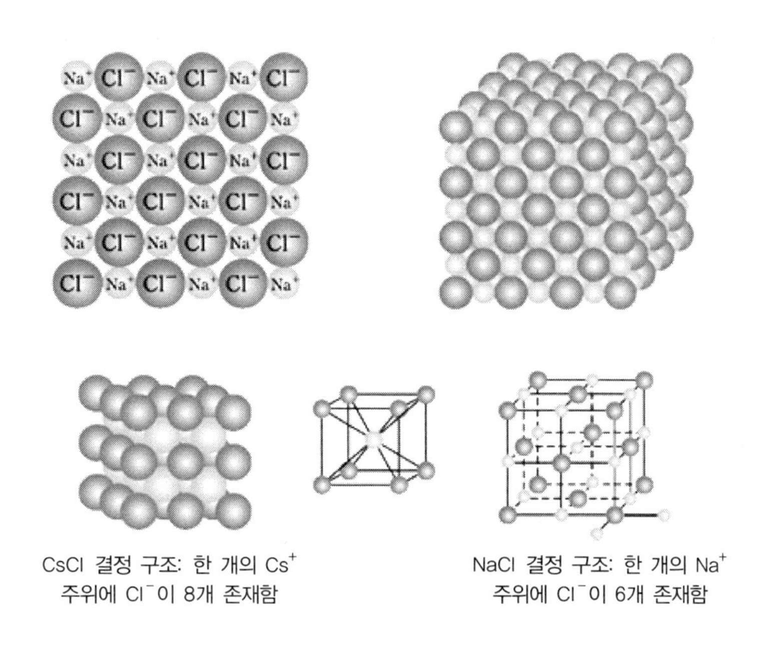

그림 2.5 NaCl과 CsCl의 3차원 단위셀 결합 구조

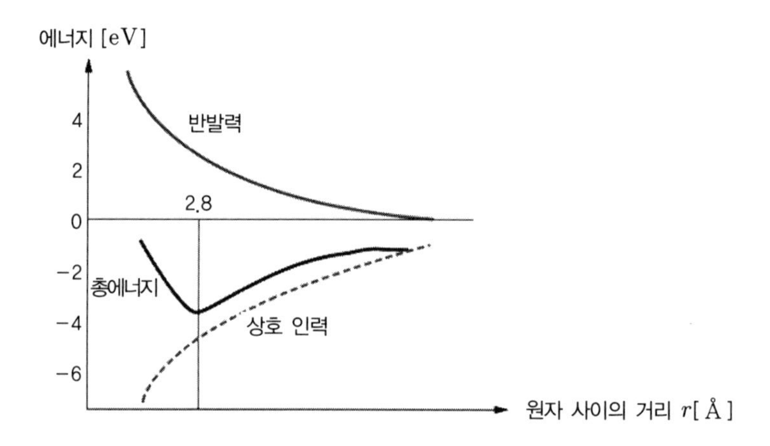

그림 2.6 NaCl에 대한 원자 사이의 거리에 따른 반발력과 상호 인력의 관계

(2) 금속결합

금속결합(metallic bonding)은 대부분 금속(Fe, Cu, Al, Au, Na, Li, …: 최외각전자 ≤)의 결합으로, 각 핵의 최외각전자에 대한 구속력이 약하여 이온을 형성(Li → Li + +e)한다. 금속의 양이온과 그 주위의 전자구름의 상호작용에 의한 결합으로 최외각전자, 즉 가전자들은 겹침 현상이 발생한다. 파울리 배타율에 따라 준위가 갈라지게 되어 매우 작은 에너지 영역 내에 수많은 전자 상태가 다른 양자 상태의 조합으로 존재한다. 또한 양의 금속이온(코어)과 전자바다(sea of free electrons) 또는 전자구름 사이의 인력에 의한 결합으로 최외각전자의 수에 비례하는 다양한 결합력을 갖는다. 이를 알칼리 금속이라 하며, 3Li은 체심입방체(bcc) 구조로 단위셀 구조에서 1개의 Li 원자에 대해 8개의 원자들이 인접한 형태를 갖는다. 원자 사이의 거리의 결정은 이온결합과 유사하다.

(3) 공유결합

공유결합(covalent bonding)은 대부분 IV족 고체(Ge, Si, C, …) 및 화합물 반도체가 갖는 결합이다. 그림 2.7과 같이 Si는 4개의 가전자를 서로 공유하는 형태로 양자역학적 상호작용의 결합력을 갖는다. 다이아몬드의 원시셀 구조가 하나의 단위셀의 대각선 원자가 4개의 원자(1꼭짓점 원자 + 3면심원자)와 결합하는 것을 생각해보자. 하나의 전자쌍(electron pair)이 결합손(bond) 1개를 형성한다. 공유결합 고체는 양자역학적 상호

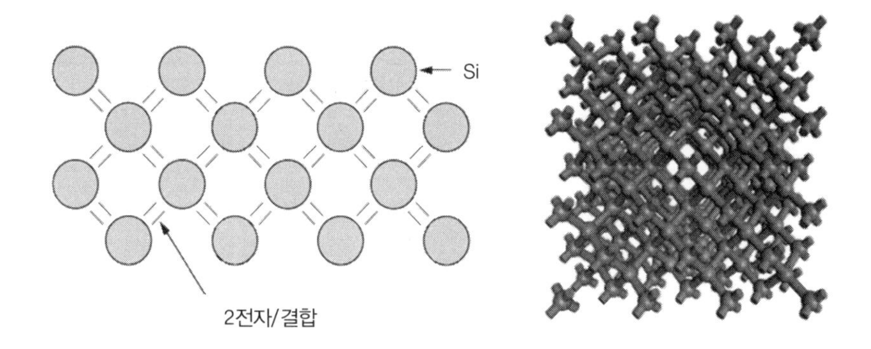

그림 2.7 Si의 2차원 및 3차원 결합 구조(다이아몬드 격자 구조)

작용에 의해 결합력이 크므로 단단하고 융점이 높다. 특히, 대부분 반도체의 특성을 나타내고, 저온에서 낮은 전도도를 보인다. 섬아연광 격자 구조의 화합물 반도체(ex. GaAs)는 이러한 공유결합과 이온결합이 공존하는 것으로 생각할 수 있다.

(4) 수소결합

수소결합(hydrogenic bonding)은 O, N, F 등 전기음성도가 강한 원자 사이에 수소 원자가 들어갈 때 생기는 결합으로, 양으로 대전된 H^+ 이온이 이온 반경이 큰 음이온 사이에 끼어 음이온 사이의 거리에 영향을 주지 않고 안정화를 유지하면서 정전기적 퍼텐셜을 이루면서 결합한다. 그림 2.8은 대표적인 수소결합의 예인 H_2O이다.

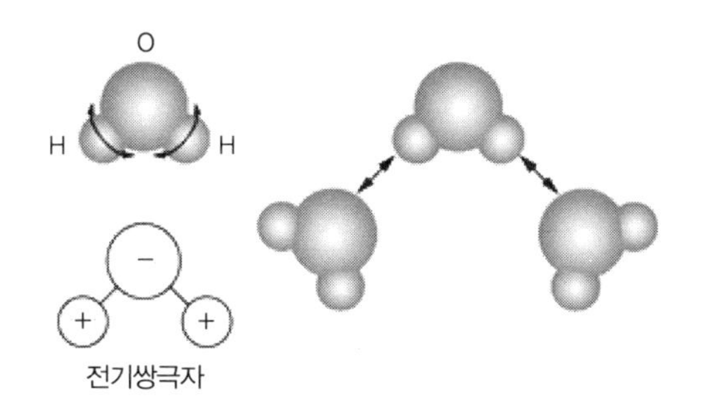

그림 2.8 수소결합의 예 : H_2O

(5) 반데르발스 결합

많은 기체성 분자는 열적 진동 등에 의해 순간적으로 전자 위치가 변동하여 분극이

표 2.1 비활성 기체의 융점과 비등점

비활성 기체	융점	비등점	비활성 기체	융점	비등점
He	8 K	4 K	Ar	83 K	87 K
Ne	24 K	27 K	N2	63 K	77 K

발생한다. 또한 음-양전하가 미소거리 내에서 균형을 이루는 형태인 전기쌍극자를 형성하며, 음에서 양 방향으로 쌍극자모멘트를 갖는다. 이들 쌍극자 사이의 인력 작용에 의해 결합하는 것을 반데르발스 결합(Van der Waals bonding)이라 한다. 예를 들면, He, Ne, Ar 등의 비활성 기체는 매우 작은 결합력에 의해 융점과 비등점이 매우 낮다(표 2.1 참고).

2.2.1 에너지 밴드

고립원자들의 에너지 준위는 불연속적이며, 준위 간 에너지 밴드갭이 크다. 이러한 고립원자들은 동일한 전자 구조를 갖는다. 고립원자들이 근접하여 고체를 형성할 때, 파울리 배타율에 따라 기존 에너지 준위는 변해야 하며, 좁은 에너지 대역 내에 무수히 많은 에너지 준위를 가지는 에너지 밴드가 존재한다. 이 에너지 밴드는 밴드 간 갭(에너지 밴드갭)이라는 전자 금지대에 의해 분리된다. 에너지 밴드 형성에 대한 정성적 고찰을 살펴보자. 고체 내의 최외각전자 상태(에너지)를 공간에 대해 나타낸 그래프를 $E-x$ 다이어그램이라 하며, 반도체의 물성을 이해하는 데 기초 자료가 된다.

(1) 금속 · 반도체 · 절연체의 에너지 밴드 구조

그림 2.9는 절대온도에서의 금속, 반도체, 절연체의 에너지 밴드 구조이다. 절연체는 에너지 밴드갭이 커서 실온에서조차 전도전자는 거의 존재하지 못하므로 비저항 값이 매우 높다.

그림 2.9의 에너지 밴드 다이어그램은 길이 성분에 대한 전자에너지를 표시한 $E-x$ 다이어그램으로, E_c와 E_v는 각각 전도대의 끝단과 가전자대의 끝단을 표시한다. 따라서 $E_g = E_c - E_v$이다. 그림 2.10은 임의의 온도에서 반도체의 에너지 밴드 구

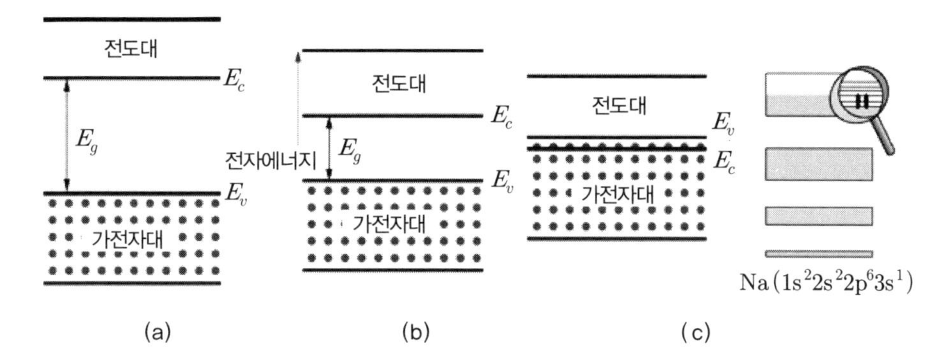

그림 2.9 0 K에서의 에너지 밴드 구조 (a) 절연체, (b) 반도체, (c) 금속.

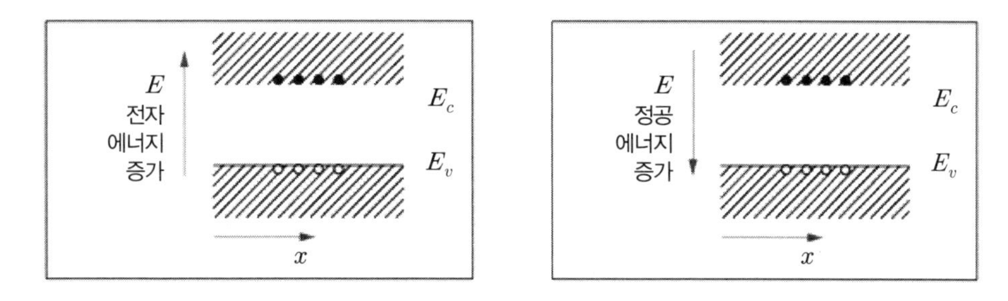

그림 2.10 반도체의 에너지 밴드 구조

조이다.

반도체의 에너지 밴드갭은 중간 정도의 값을 가지며, 비저항 값은 온도에 따라 변화가 크다. 0 K에서 가전자대는 가전자들로 완전히 채워진다. 전도대는 모두 빈 에너지 상태를 갖는 완전 절연체지만, 실온에서는 순수 Si에 대해 전도대 전자 및 정공의 농도가 1.5×10^{10} 정도이므로 어느 정도의 전기전도를 기대할 수 있다. 특히, 에너지 밴드갭은 온도 증가에 따라 감소하는데, 예를 들어 Si 및 Ge에 대한 에너지 밴드갭 E_g의 온도 의존도는 다음과 같다.

- Si : E_g = 1.21−3.6×10−4 · T [eV]로 실온(T= 300K)에서 $E_g \approx 1.1$ [eV]이다.
- Ge : E_g = 0.785−2.23×10−4 · T [eV]로 실온에서 $E_g \approx 0.72$ [eV]이다.

금속은 그림 2.9(c)에서 보는 바와 같이 두 종류의 밴드 구조가 있다. Sn, Al, Cu

등처럼 가전자대의 윗부분과 전도대의 아랫부분이 서로 겹쳐지는 밴드겹침 영역이 존재하여 $E_v > E_c$로 되는 경우가 있다. 또한 Na 금속과 같이 0 K에서도 최외각전자들이 부분적으로 채워지는 경우로, 이 상태에서는 낮은 온도에서도 큰 전자 농도로 인해 외부의 미세 전계에 대해서도 전기전도가 쉽게 발생하여 비저항이 매우 낮게 된다.

2.3 캐리어(전자/정공)

반도체의 전류전도에 기여하는 캐리어는 전도대의 전자와 가전자대의 정공으로 구성된다. 이 절에서는 전류전도 성분과 이들 캐리어의 유효질량에 대한 개념을 이해하고, 진성 및 외인성 반도체의 캐리어 농도 특성을 공부한다. 또한, 외인성 반도체에 존재하는 도너와 억셉터 준위에 대한 결합에너지를 근사적으로 얻는 방법을 알아본다.

2.3.1 전류전도 성분

금속의 전류전도는 전자바다 모형으로 간단히 설명할 수 있다. 즉, 핵으로부터 구속력이 약한 최외각전자들이 외부전계에 의해 집단적으로 움직이는 것으로 설명할 수 있다. 반면에, 반도체의 전류전도를 간단히 설명하기는 어렵다. 0 K에서 반도체는 가전자대가 완전히 채워지고, 전도대가 완전히 비어진 상태인 절연체 특성을 보인다. 온도 상승으로 가전자의 열적 여기에 의한 전도전자가 발생하며, 이 전도전자 이외에 가전자대의 빈 에너지 상태인 정공이 전도에 기여한다. 불순물 첨가는 에너지 밴드 구조와 전하운반자인 캐리어에 중요한 영향을 미친다. 즉, 도핑에 의해 반도체의 전기적 특성을 조절할 수 있다. 가전자대 전자가 전도대로 여기되어 생기는 전자－정공쌍을 EHP (Electron－Hole Pair)라고 한다.

(1) 반도체의 전도 성분

☑ 전도대로 여기된 전자에 의한 전도

전도대의 빈 에너지 상태를 자유로이 움직인다. 예를 들어, 순수 Si 반도체의 원자

밀도는 약 5×10^{22} [atoms/cm^3]으로, 원자당 4개의 전도대 에너지 상태를 갖는다. 반면에 300 K에서 캐리어 농도는 $\sim10^{10}$ [EHP/cm^3]으로 전도대에 빈 에너지 상태가 많이 존재하게 된다.

☑ **가전자대의 정공에 의한 전도**

전도대의 전자와 마찬가지로 순수 Si 반도체는 300 K에서 약 10^{10} [EHP/cm^3] 정도의 정공을 생성하며, 가전자대에 빈 에너지 상태들이 많이 존재하게 된다. 그러나 0 K에서 전도대는 완전히 빈 상태, 가전자대는 완전히 채워진 상태가 되는데, 이러한 경우에는 완벽한 절연체(전류 흐름이 0)가 된다. 즉, 완전히 채워진 밴드 내의 실제 전류는 0이다.

(2) 캐리어의 질량과 전하

앞에서 살펴본 바와 같이 반도체 내의 전류전도에 관여하는 캐리어인 전도대의 전자는 음의 전하를 띠며, 가전자대의 정공은 양의 전하를 갖는다. 가전자대의 전자는 핵에 구속된 가전자로 운반자인 캐리어라고는 할 수 없지만, 가전자대를 떠난 전자의 빈자리가 정공이므로 가전자대의 전자는 음의 전하를 갖는다.

- 가전자대 내의 정공: 양의 전하, 양의 질량
- 전도대 내의 전자: 음의전하, 양의 질량

2.3.2 유효질량

격자의 주기적 퍼텐셜을 가지는 결정 내를 움직이는 전자의 파동－입자 운동은 자유공간의 전자와는 다르므로 입자의 질량 역시 바뀌어야 한다. 이를 고려한 유효질량을 도입하여 결정 내의 전자 움직임을 자유전자와 유사하게 생각할 수 있다. 자유전자에 대한 $E-k$ 관계식으로부터 유효질량이 $E-k$ 곡선의 곡률과 관계됨을 알 수 있다. 곡선의 곡률은 운동방정식의 2차 미분으로 주어진다.

$$E=\frac{1}{2}mv^2=\frac{p^2}{2m}=\frac{h^2}{2m}\overrightarrow{k^2} \tag{2.1}$$

$$\frac{d^2E}{dk^2} = \frac{h^2}{m}$$

대부분의 반도체 캐리어는 대역극한점 부근(전도대의 최소, 가전자대의 최대)에 존재한다. 따라서 포물선의 곡률로부터 다음과 같이 대략의 유효질량(m^*)을 얻을 수 있다.

$$m^* = \frac{h^2}{d^2E/dk^2} \tag{2.2}$$

이때 유효질량은 밴드 극점의 곡률에 반비례(곡률 반경에 비례)한다. 참고로, 대역극한점 부근의 상태 밀도를 유효상태 밀도라 하며 ~10^{19} [/cm^3]의 값을 갖는다.

2.3.3 진성 반도체에서의 캐리어

불순물이나 격자 결함이 없는 완전한 결정의 반도체를 진성 반도체라 한다. 따라서 그림 2.11에 있는 전자－정공쌍들은 단지 순수한 고체 구성 캐리어들이므로 가전자대 정공과 전도대의 전자 농도는 같게 된다.

즉, 온도함수로 주어지는 진성 반도체의 캐리어 농도를 $n_i(T)$라 하면, 전자정공 농도는 다음과 같다.

$$n = p = n_i(T) \ [\text{carriers/cm}^3]$$

그림 2.12와 같이 진성 반도체의 캐리어 농도, 즉 진성 캐리어 농도는 온도에 비례하는 함수이며, 정공과 전자의 농도는 주어진 온도에 대해 일정한 값을 보인다. 즉, 정상상태를 유지하기 위해서는 전자－정공쌍의 생성률과 재결합률이 같아야 한다. 또한, 그림 2.12와 같이 진성 캐리어 농도 $n_i(T)$는 에너지 밴드갭에 반비례하는 특성을 갖

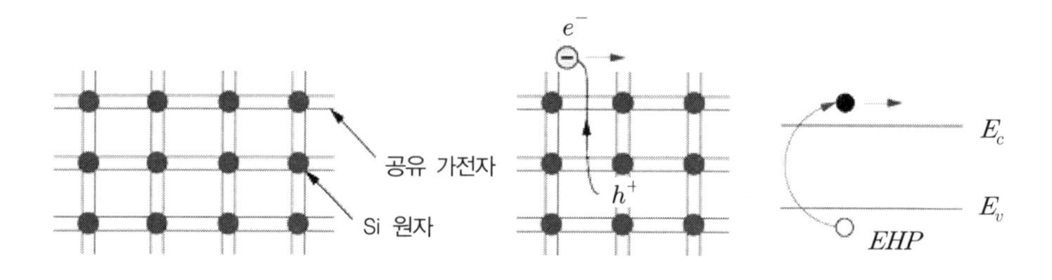

그림 2.11 Si 결정의 공유결합과 진성 반도체에서의 전자－정공쌍의 생성

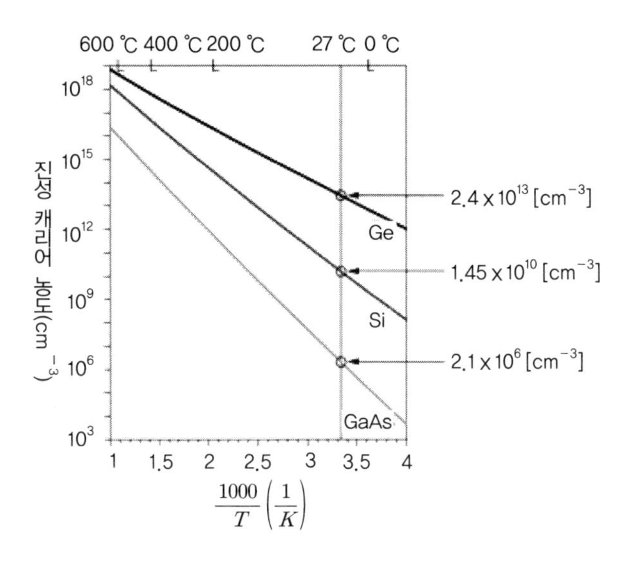

그림 2.12 온도에 따른 진성 캐리어 농도 변화

는다. 그림을 통해 에너지 밴드갭의 크기와 진성 캐리어의 농도의 크기를 정리하면 다음과 같다.

$$E_g : \text{GaAs} > \text{Si} > \text{Ge}$$

$$n_i(T) : \text{GaAs} < \text{Si} < \text{Ge}$$

2.3.4 외인성 반도체에서의 캐리어

불순물 첨가에 따른 반도체를 외인성 반도체라고 한다. $n_0 \gg (n_i, p_0)$인 반도체에서 n_0를 다수 캐리어, p_0를 소수 캐리어라고 하며, 이 조건의 반도체가 n형 반도체이다.

반대로, $p_0 \gg (n_i, n_0)$인 반도체에서는 p_0가 다수 캐리어, n_0이 소수 캐리어이므로 p형 반도체이다. 즉, 도핑에 의해 두 종류의 반도체를 만들 수 있으며, 도핑은 에너지 밴드갭 내에 부가적인 에너지 준위들을 형성한다. Ge, Si에 대해, n형 반도체의 도핑 재료는 P, As, Sb이고, p형 반도체의 도핑 재료는 B, Al, Ga, In이다.

첨가 불순물은 격자구성 원자를 대신하는 치환형 불순물 또는 격자 사이를 점유하는 침입형 불순물로 도핑된다. 또한, 외인성 반도체 내의 점, 선과 같은 결함도 일종의 불순물처럼 작용할 수 있는데, 그림 2.13과 같이 점 결함은 격자점의 원자가 없어진

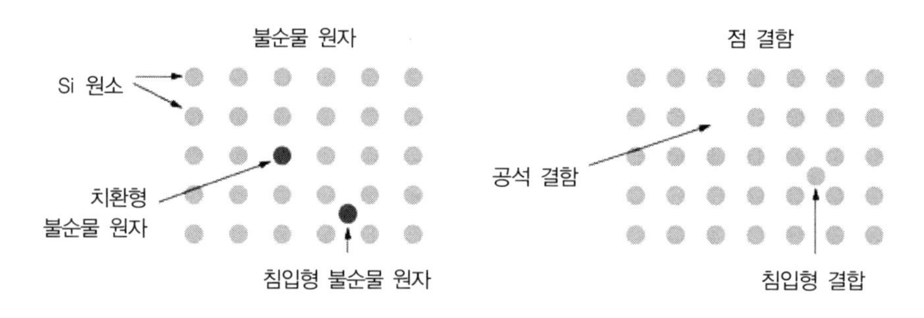

그림 2.13 외인성 반도체의 불순물과 점 결함

형태의 공석결함과 격자구성 원자가 침입한 형태의 결함이 대표적이다.

☑ 도너와 n형 반도체

P, Sb 등의 V족 불순물이 Si에 첨가된 경우, P에서 여분의 전자(5번째 전자)는 P^+ 이온에 약 0.05[eV]의 결합에너지 E_B를 가지고 약하게 구속된다. 0 K에서 이 여분의 전자는 에너지 밴드갭 내의 E_C 바로 아래 준위를 점유하며, 이 전자는 약한 열에너지를 받아 쿨롱 구속력을 극복하고 전도대로 올라가서 전도전자로 작용하게 된다. 이때 P 원자는 (+)로 이온화된다. 이러한 전도대에 전자를 공급하는 불순물 원자를 도너라 하며 (+)로 이온화된다. 도너 준위는 E_D로 나타낸다.

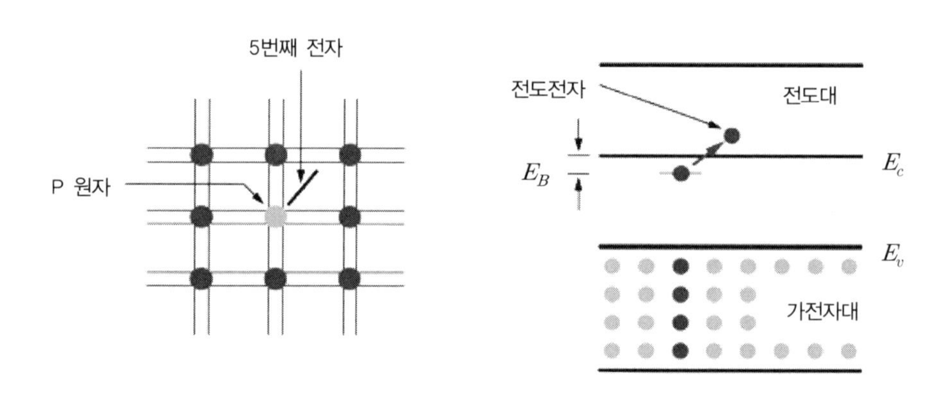

그림 2.14 V족 불순물이 Si에 첨가된 경우

☑ 억셉터와 p형 반도체

B, Al 등의 Ⅲ족 원소가 Si에 불순물로 첨가된 경우, 이러한 불순물은 정상적 결합

이 되기에는 전자 1개가 모자란다. 이 모자라는 전자 상태는 0 K에서 E_V 바로 위의 준위(억셉터 준위 E_A)를 점유하며, 약한 열에너지에 의해 결합에너지 E_B를 극복한 Si의 가전자를 받아 채워지므로 가전자대에 전도정공을 남긴다. 이때 B 원자는 (−)로 이온화된다. 이러한 가전자대로부터 전자를 공급받는 불순물 원자를 억셉터라 하며, (−)로 이온화된다.

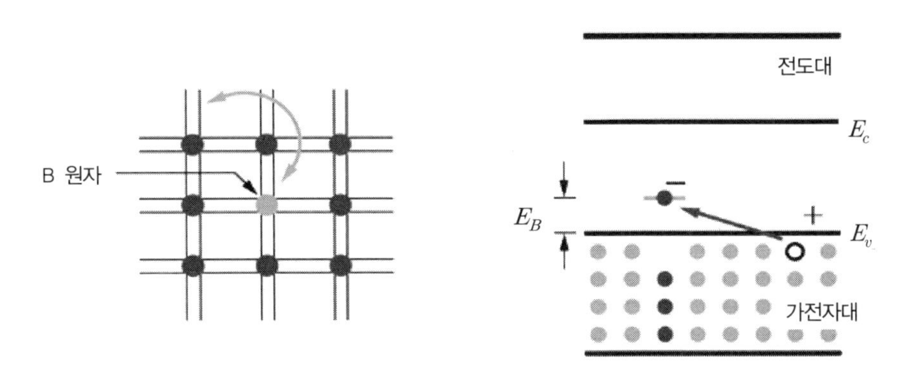

그림 2.15 III족 원소가 Si에 불순물로 첨가된 경우

2.3.5 화합물 반도체의 도핑과 양자우물에서의 캐리어

불순물이나 결함이 없는 완전한 결정인 진성 반도체는 전자소자로 활용하는 것이 극히 제한적이다. 진성 반도체에 불순물이 첨가되어 어떠한 type을 가질 때 비로소 전자소자로 활용할 수 있다. Ⅲ−Ⅴ족, Ⅱ−Ⅵ족 화합물 반도체에 대한 불순물 도핑은 Ⅳ족 반도체의 불순물 도핑과는 약간의 차이가 있다.

(1) 화합물 반도체의 도핑

☑ Ⅲ−Ⅴ족 화합물 반도체의 도핑

일반적으로 Ⅲ−Ⅴ족 화합물 반도체는 전기음성도가 유사한 원자 사이의 치환으로 도핑된다.

- Ⅵ족 불순물: Ⅴ족 원자와 치환되어 여분의 전자를 가지므로 도너 역할을 한다.
- Ⅱ족 불순물: Ⅲ족 원소와 치환되어 결합 전자의 결합손으로 억셉터 역할을 한다.

- Ⅳ족 불순물: 양성불순물로 Ⅲ족과 Ⅴ족 모두와 치환될 수 있다. 일반적으로는 GaAs에 첨가된 Si 불순물은 Ga과 치환되어 도너 역할을 하지만, GaAs 성장 시 높은 증기압으로 발생되는 As의 공석 결함이 많으면 As 위치를 Si이 점유하므로 억셉터로 작용할 수 있다.

☑ **Ⅱ－Ⅵ족 화합물 반도체의 도핑**

Ⅱ－Ⅵ족 화합물 반도체의 도핑은 매우 어렵다. 왜냐하면 격자 결함이 많아 도펀트와 상쇄되기 때문이다. 전자, 광학소자로 응용하기 위해서는 결함이 없는 반도체 성장 기술이 필요하다.

(2) 양자우물에서의 캐리어

앞에서 살펴본 도너 및 억셉터 불순물은 일반적으로 전도대 끝단(E_C) 아래와 가전자대 끝단(E_V) 위에 근접한 준위를 갖는다. 또한, 기타 재결합 촉진 등을 위해 도핑되는 불순물 준위는 에너지 밴드갭 중앙 부근의 준위를 점유한다. 이와 같이 도너 및 억셉터 불순물 준위(E_D, E_A)는 에너지 밴드갭 내의 불연속 준위를 형성한다.

2.4 반도체에서 캐리어운동

2.4.1 전도대에서의 캐리어 움직임

전도대에 있는 전자들, 가전자대에 있는 정공들은 반도체 결정을 가로질러 움직일 수 있기 때문에 자유 캐리어라고 간주할 수 있다. 캐리어의 이동에 대한 단순하지만 대부분의 경우 적절한 설명은, 각 캐리어들이 특정 속도를 가지고 임의의 방향으로 움직인다고 보는 것이다.

캐리어는 하나의 격자 원자와 충돌할 때까지 산란 길이(scattering length)라고 부르는 거리만큼 임의의 방향으로 움직인다. 일단 충돌이 일어나면 캐리어는 임의의 다른 방향으로 움직인다.

캐리어의 속도는 격자의 온도에 의해 결정된다. 특정 온도 T에서 반도체 결정 내

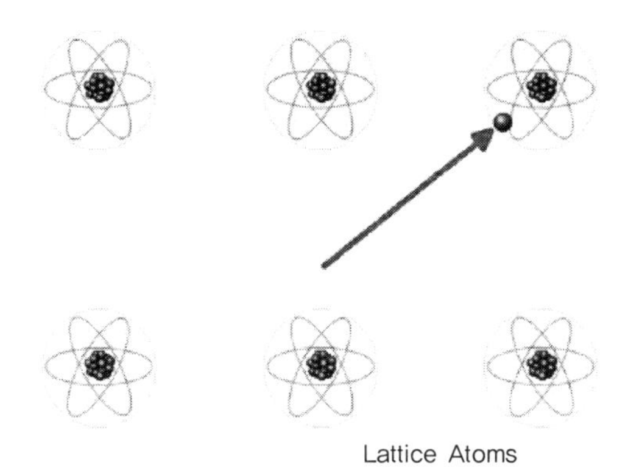

그림 2.16 전자는 하나의 결함이나 혹은 격자원자를 만나 분산될 때까지 임의의 방향으로 움직인다.

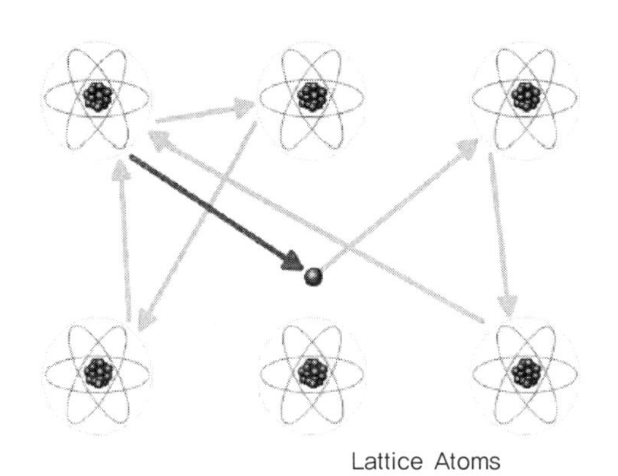

그림 2.17 각 방향은 그 가능성이 똑같으므로 전자의 실질 움직임은 제로이다.

에서의 캐리어들은 평균 속도 $1/2mv^2$을 가지고 움직이는데, 여기서 m은 캐리어의 질량이고, v는 thermal velocity이다. Thermal velocity는 캐리어의 평균 속도이고, 실제로 캐리어들은 이 속도를 중심으로, 어떤 것은 그 이상으로, 어떤 것은 그 이하의 속도 분포를 가진다. 그림 2.16과 그림 2.17은 캐리어의 이동 모델을 보여준다.

캐리어들의 속도는 결정격자의 온도에 의해 좌우된다. 온도 T에서 반도체 결정 내에서의 캐리어들은 다음 식과 같이 평균 V의 속도로 움직인다.

$$V = 1/2mv^2$$

여기서 m은 캐리어의 질량, V는 열속도

열속도는 캐리어의 평균 속도이다. 캐리어들은 통상 이 평균 열속도 부근에 분포된 열속도를 가진다. 따라서 일부 캐리어들은 한층 더 높은 속도를 일부는 더 낮은 속도를 가진다.

2.4.2 확산

어떤 특정 영역이 다른 영역보다 캐리어의 농도가 더 높다면, 캐리어의 지속적인 무작위 움직임의 결과로 캐리어의 실질적인 움직임이 일어나게 된다. 이런 일이 일어나면 고농도 영역과 저농도 영역 사이에 농도의 구배가 존재하게 된다. 캐리어는 고농도 영역에서 저농도 영역으로 흐른다. 이 캐리어의 흐름, 즉 확산은 캐리어의 무작위한 움직임에 의해 야기된다. 소자의 모든 영역에서 캐리어들이 어떤 특정 방향으로 흐

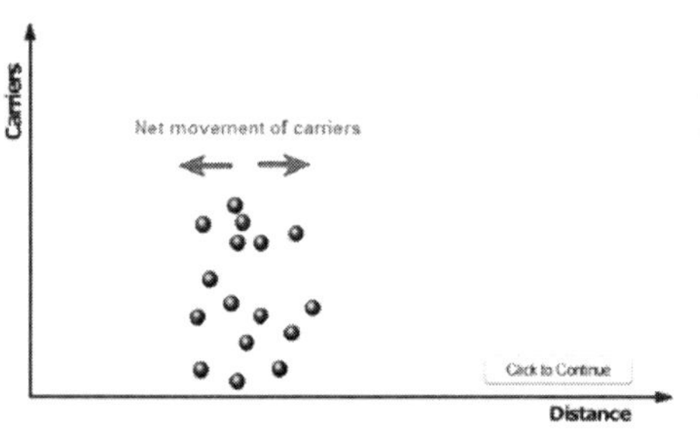

(a) 여기서 캐리어들의 1/4은 오른쪽으로, 1/4은 왼쪽으로, 그리고 나머지는 그 자리에서 아래위로 움직인다.

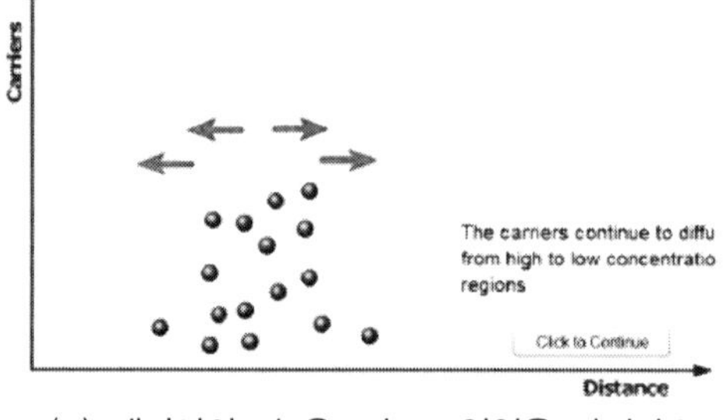

(b) 캐리어의 1/4은 고농도 영역을 빠져나오나 들어가지는 않는다. 그래서 고농도 영역에서 빠져나오는 캐리어들의 net 움직임이 있다.

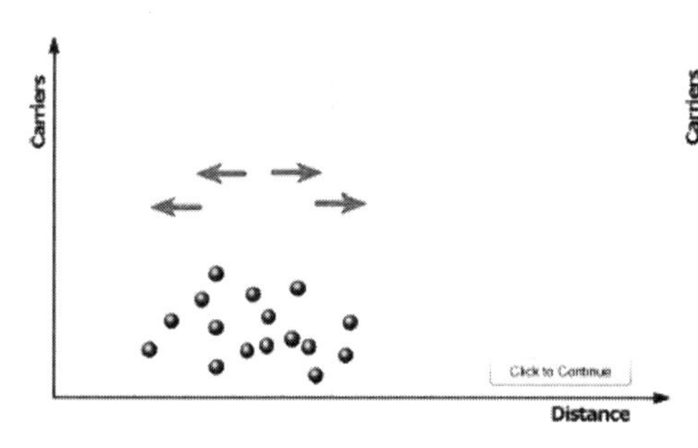

(c) 캐리어들은 계속해서 고농도 영역에서 저농도 영역으로 확산한다.

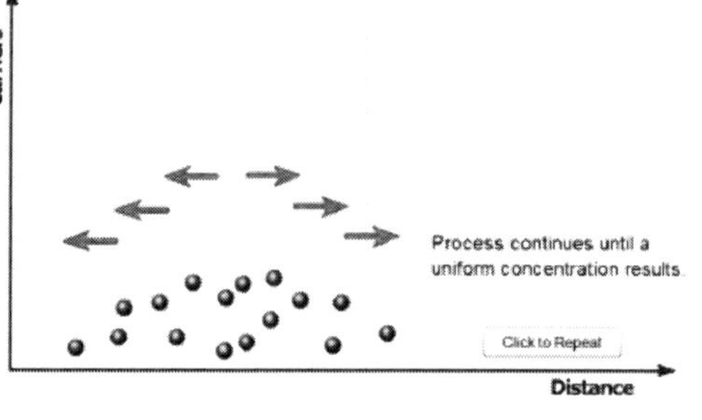

(d) 농도가 균일할 때까지 확산 프로세스가 계속된다.

그림 2.18 확산에 의한 캐리어의 움직임

르는 확률은 동일하다. 고농도 영역 부근에서는 많은 수의 캐리어들이 저농도 영역 쪽을 포함하여 모든 방향으로 움직인다. 그러나 저농도 영역 주위에서 캐리어들의 개수가 적은 것은 고농도 영역 쪽으로 움직이는 캐리어들은 거의 없다는 것을 의미한다. 캐리어의 움직임에 있어 이런 불균형으로 인해 고농도 영역에서 저농도 영역 쪽으로 실질적인 캐리어의 흐름을 야기한다.

확산이 일어나는 속도는 캐리어들이 움직이는 속도와 분산이 일어나는 속도에 의존한다. 이를 확산계수라 하고, 그 단위는 cm^2s^{-1}이다. 온도를 높이면 캐리어들의 열속도가 증가하므로 확산은 고온에서 더 빠르다.

확산의 중요한 효과의 하나는, 외부에서 소자에 인가되는 힘이 없어도, 소자 내에서, 생성과 재결합에 의해 유도된, 캐리어의 농도를 고르게 한다는 것이다.

2.4.3 표류(Drift)

재료에 전기장을 인가하면 전하 캐리어들의 무작위한 움직임이 하나의 방향을 갖게 된다. 전기장이 없을 경우 캐리어는 임의의 방향으로 일정한 속도로 일정 거리를 움직인다. 그러나 전기장이 있으면 이 무작위한 움직임에 중첩이 되고, 열속도가 있으면 전기장 방향으로 가속이 되는데, 캐리어가 정공이면 전기장 방향으로, 캐리어가 전자면 반대 방향으로 가속된다. 주어진 방향으로의 가속은 그림 2.19와 같이 캐리어의 실

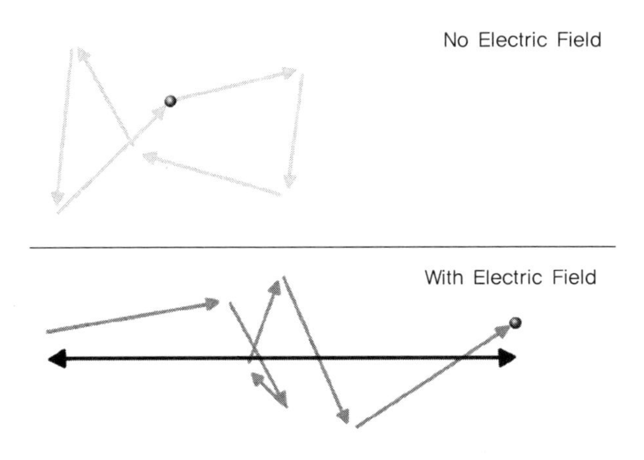

그림 2.19 전기장에 의한 캐리어(정공)의 이동도

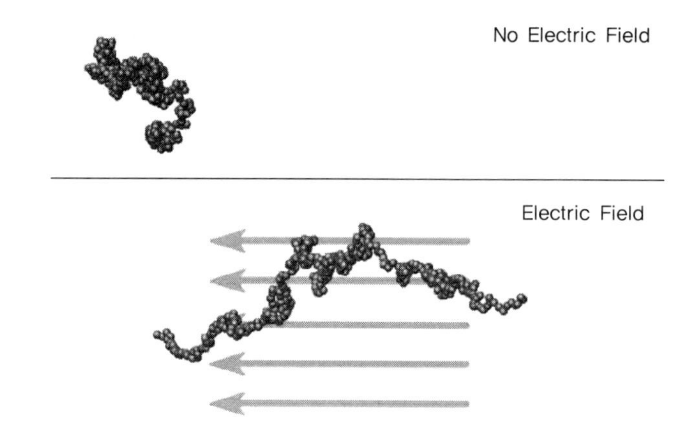

그림 2.20 전기장에 의한 캐리어(전자)의 이동도

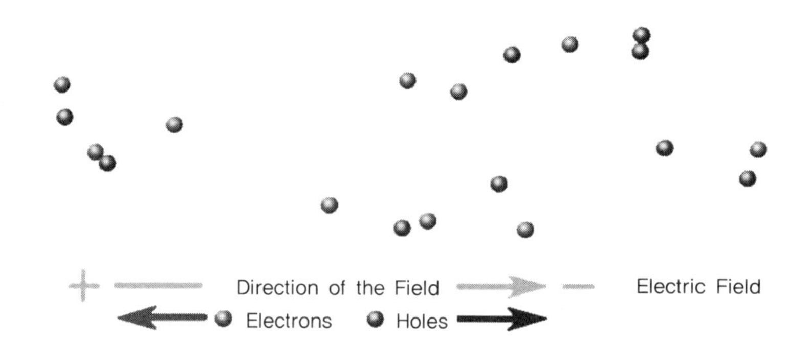

그림 2.21 전기장에 의한 전자와 정공의 표류(앞부분 컬러 그림 참조)

질적인 움직임의 원인이 된다. 캐리어의 방향은 그 방향과 전기장 사이의 벡터 덧셈으로 얻어진다. 전기장이 있을 때의 실질 캐리어 움직임은 이동도(mobility)로 나타낸다.

전기장 내에서 캐리어의 이동에 의한 수송을 표류 수송이라 한다. 표류 수송은 반도체 재료뿐만 아니라 금속에서도 일어나는 수송의 한 유형이다. 그림 2.20은 전기장이 있고 없을 때 무작위한 방향으로의 캐리어의 움직임을 보여준다. 이 경우 캐리어는 전자이다. 전자는 음전하를 가지므로 전기장의 반대 방향으로 움직인다. 대부분의 경우에는 전자가 전기장의 반대 방향으로 움직인다. 어떤 경우에는 예를 들어 전자가 만약 전기장의 방향으로 일련의 움직임을 따른다면, 실질적인 움직임은 짧은 거리에 한해서 전기장과 같은 방향이다.

그림 2.21은 동일한 개수의 전자와 정공을 가진 진성 반도체를 묘사한 것이다. 전기장이 없을 때 전자와 정공은 반도체 내에서 무작위한 방향으로 움직인다. 전기장이 인가되었을 때 전자와 정공은 반대 방향으로 표류(drift)한다.

연습문제

1. 고체의 결정 구조 3가지를 말하고 설명하라.

2. Ge, Si 등의 Ⅳ족 원소 반도체와 Ⅲ－Ⅴ족, Ⅱ－Ⅵ족 화합물 반도체가 첨가 불순물에 따라 n형 또는 p형이 되는 것을 설명하라.

3. Nacl에 대한 원자 사이의 거리에 따른 반발력과 상호 인력 관계에 대해 설명하라.

4. 금속, 반도체, 절연체의 0 K에서의 에너지 밴드 구조를 그리고 설명하라.

5. 반도체에서 캐리어의 확산 운동에 대해 설명하라.

6. 반도체에서 캐리어의 표류에 대해 설명하라.

03 CHAPTER

p－n 접합

대부분의 반도체 소자는 적어도 p형과 n형 물질 간의 접합(junction) 한 개를 가지고 있다. 이들 p－n 접합은 정류, 증폭, 스위칭, 기타 전자회로의 작용과 같은 여러 기능을 수행하는 기초를 이루고 있다. 이 장에서는 이 접합에서의 평형상태와 정상상태 및 과도상태 아래에서의 접합을 넘는 전자와 정공의 흐름을 검토하기로 한다. 이것에 이어서 금속－반도체 접합을 검토할 것이다. 이 장에서 살펴볼 접합의 특성을 숙지하면 특정한 전자소자에 대해 논의할 수 있다.

3.1 반도체 제작

3.1.1 반도체 재료

반도체에서의 원자들은 주기율표에서 Ⅳ족 혹은 Ⅲ족과 Ⅴ족이 결합(Ⅲ－Ⅴ 반도체), 또는 Ⅱ족과 Ⅵ족이 결합된(Ⅱ－Ⅵ 반도체) 소재들이다. 주기율표상의 서로 다른 원소로 구성되어 있기 때문에 반도체의 특성도 다르다. Ⅳ족 원소인 실리콘은 가장 널리 사용되는 반도체 소재로 집적회로(IC) 칩의 기본이 되고, 관련 기술의 성숙도가 가장 높고, 대부분의 태양전지 역시 실리콘 기반이다. 그림 3.1은 반도체가 될 수 있는

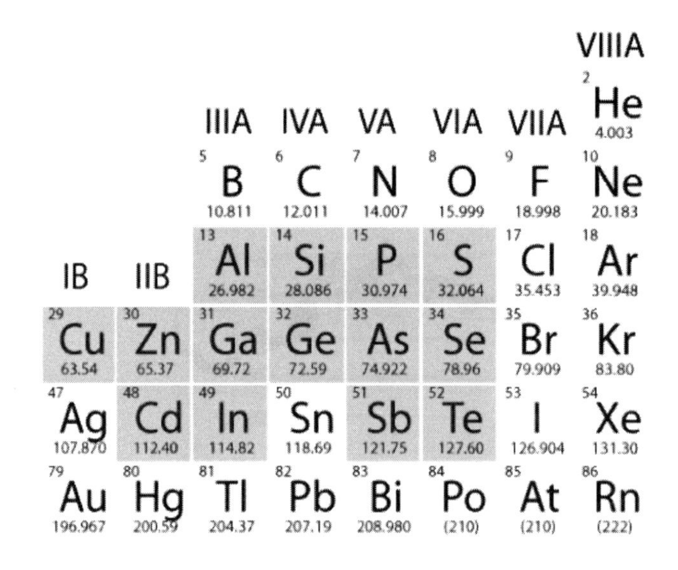

그림 3.1 반도체에 사용되는 원소들(푸른색)(앞부분 컬러 그림 참조)

장 높고, 대부분의 태양전지 역시 실리콘 기반이다. 그림 3.1은 반도체가 될 수 있는 원소들을 보여주고 있다.

3.1.2 반도체 구조

반도체는 규칙적이고 주기적인 구조로 결합된 개개의 원자들로 구성되어 있는데, 각각의 원자들이 8개의 전자들로 둘러싸인 배열을 하고 있다. 하나의 개별 원자는 양성자(포지티브로 하전된 입자)와 중성자(전하가 없는 입자)가 핵심이 되는 원자핵으로 구성되어 있고, 원자핵은 전자들에 의해 둘러싸여 있다. 전자와 양성자의 개수가 동일하여, 전체로 보았을 때 원자는 전기적으로 중성이다. 원자 내에 있는 전자들은 어떤 에너지 준위를 점유하는데, 전자들의 개수는 주기율표에 있는 각 원소별로 서로 다르다. 그림 3.2는 하나의 반도체의 구조를 보여준다.

3.1.3 도핑

다른 원자들을 이용하여 도핑하면 실리콘 결정격자 내에서의 전자와 정공의 균형을 변화시킬 수 있다. 실리콘보다 가전자가 하나 더 많은 원자들을 이용하면, 전도대에

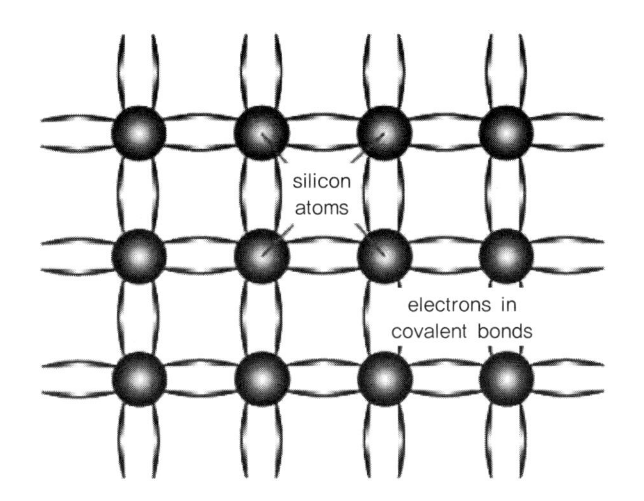

그림 3.2 실리콘 결정격자에서의 공유결합

전자들이 추가되는 n형 반도체 재료를 만들 수 있는데, 이때 사용되는 원자들이 V족 원소이다. 이 원소들이 가지고 있는 5개의 가전자들은 실리콘이 가진 4개의 가전자들과 공유결합을 형성할 수 있는데, 각 실리콘 원자의 공유결합에는 4개의 전자만이 필요하므로 두 개의 실리콘 원자가 결합할 때 존재하는 나머지 여분의 전자 하나는 전기전도에 참여하게 된다. 그리하여 더 많은 전자들이 전도대에 추가되고 따라서 존재하는 전자들의 개수도 증가한다. 가전자가 하나 더 적은 Ⅲ족 원소의 원자들로 도핑하면 p형 재료를 만들 수 있다. 이 원소들은 3개의 가전자를 가지고 실리콘 원자와 결합하는데, 실리콘 원자와 충분히 결합할 수 있는 전자가 부족하여 정공이 형성된다. p형 재료에서는 결합에 잡혀 있는 전자들의 개수가 더 많으므로 이렇게 하면 정공의 개수를 효과적으로 증가시킬 수 있다. 도핑된 재료에서는 한 유형의 캐리어가 다른 유형보다 항상 더 많은데, 농도가 더 높은 캐리어의 유형을 다수 캐리어(majority carrier)라 하고, 더 낮은 농도의 캐리어를 소수 캐리어(minority carrier)라고 한다.

그림 3.3은 p형과 n형 실리콘을 나타낸 것이다. 보통의 반도체에서는 다수 캐리어의 농도가 $10^{17}\ \text{cm}^{-3}$, 소수 캐리어의 농도가 $10^{6}\ \text{cm}^{-3}$이다. 서로 다른 유형으로 표시되어 있지만 다수 캐리어 대비 소수 캐리어의 비는 지구상의 전 인구 중에서 한 사람보다 더 작다. 소수 캐리어는 열에너지나 입사되는 광자(photon)에 의해 생성된다.

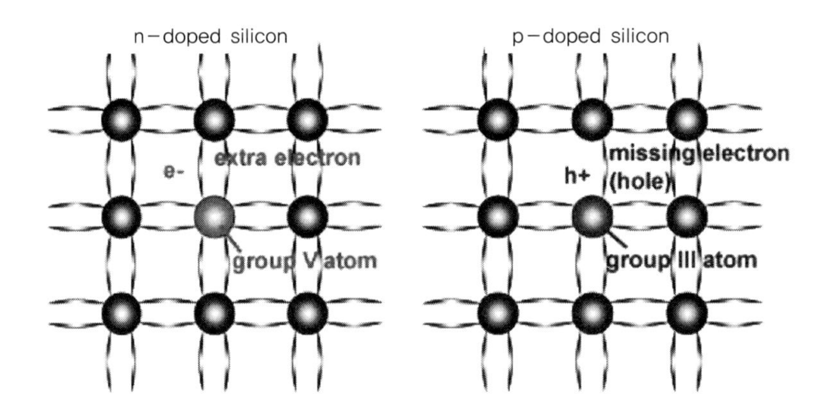

그림 3.3 n형과 p형 반도체 재료를 만들기 위해 불순물로 도핑한 실리콘 결정격자의 개략도

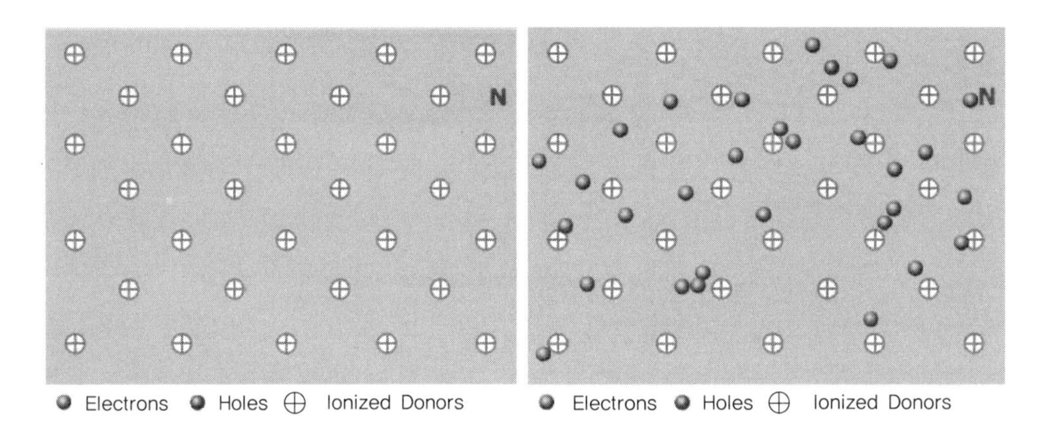

그림 3.4 n형 반도체(앞부분 컬러 그림 참조)

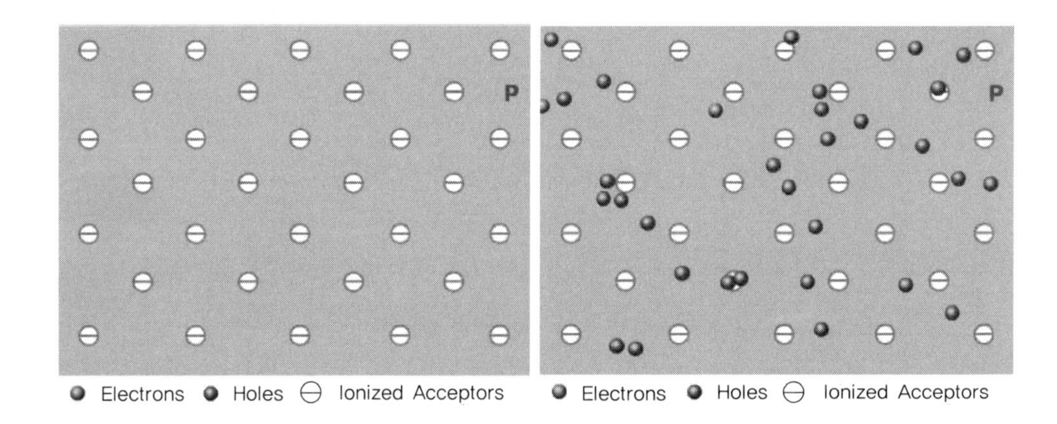

그림 3.5 p형 반도체(앞부분 컬러 그림 참조)

3.1.4 p－n 접합의 형성

p－n 접합은 그림 3.6과 같이 n형의 반도체와 p형의 반도체를 결합하여 형성한다. n형 영역은 전자의 농도가 높고, p형의 영역은 정공의 농도가 높기 때문에 전자들은 n형 쪽에서 p형 쪽으로 확산한다. 마찬가지로 정공은 확산에 의해 p형 쪽에서 n형 쪽으로 흐른다. 만약 전자와 정공이 하전되어 있지 않으면, 마치 2가지 종류의 가스가 상호 접촉했을 때처럼, 이 확산 프로세스는 양쪽에서 전자와 정공의 농도가 같아질 때까지 계속될 수 있다. 그러나 p－n 접합에서 전자와 정공들이 접합의 다른 쪽으로 이동할 때 그들은 뒤에 도펀트(dopant) 원자 자리에 노출된 전하(exposed charge)를 남기는데, 이들 전하들은 결정격자 내에 고정되어 있어 움직일 수가 없다. n형 쪽에서는 양(positive)이온 코어가, p형 쪽에서는 음(negative)이온 코어가 노출된다. 이때 전기장 $\hat{E}$가 n형 재료에 있는 양이온 코어와 p형 재료에 있는 음이온 코어 사이에 형성이 된다. 전기장이 자유 캐리어들을 몰아내기 때문에 이 영역을 결핍영역(depletion region)이라 하는데, 따라서 이 영역에서는 자유 캐리어가 없다. 접합에서 형성된 $\hat{E}$에 기인하여 내부 전위차(built in potential) V_{bi}이 형성된다. 그림 3.6, 3.7, 3.8은 n과 p형 재료 사이의 접합에서 전기장의 $\hat{E}$의 형성을 보여준다.

(1) p와 n 재료가 상호 분리되어 있을 때 캐리어들은 가상 경계 내에서 임의로 확산한다.

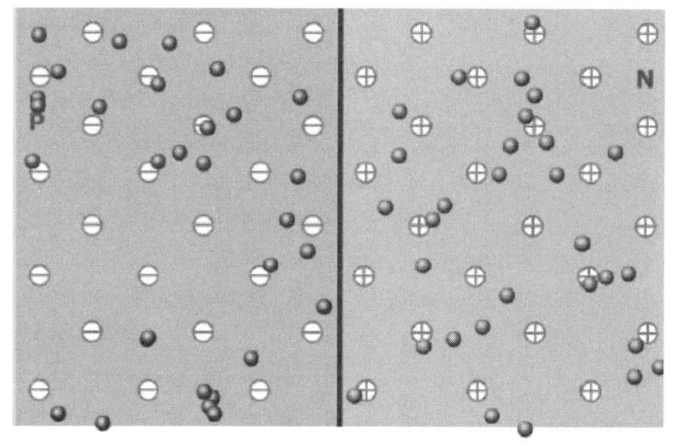

그림 3.6 p와 n 재료가 분리되어 있을 때(앞부분 컬러 그림 참조)

(2) 두 재료들을 접합시키면 캐리어들이 다른 영역으로 건너간다. 그러나 뒤에 남게 되는 고정된 이온 코어가 전기장을 형성한다.

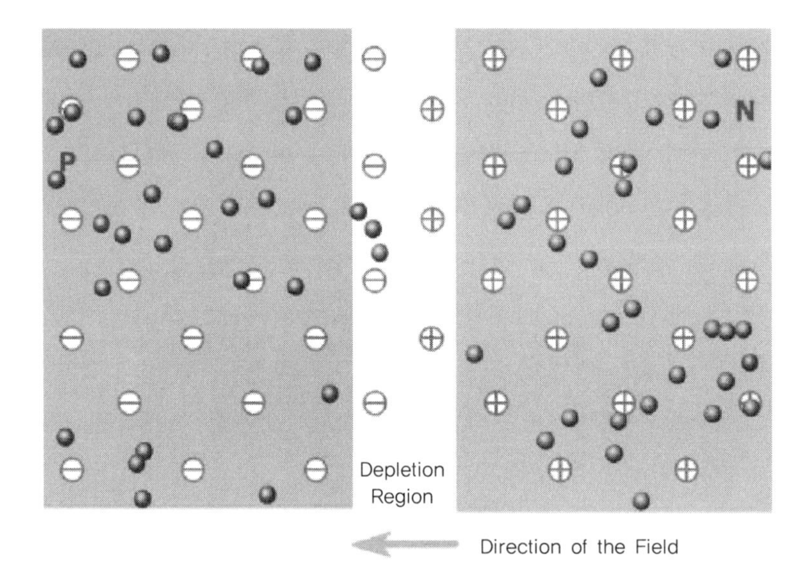

그림 3.7 p와 n의 접합 시 캐리어의 이동과 전기장 형성(1)(앞부분 컬러 그림 참조)

(3) 전기장 때문에 정공들은 p형 재료에, 전자들은 n형 재료에 유지된다. 그러나 열평형에서도 약간의 캐리어들은 결핍영역을 건널 수 있는 충분한 에너지를 갖는다.

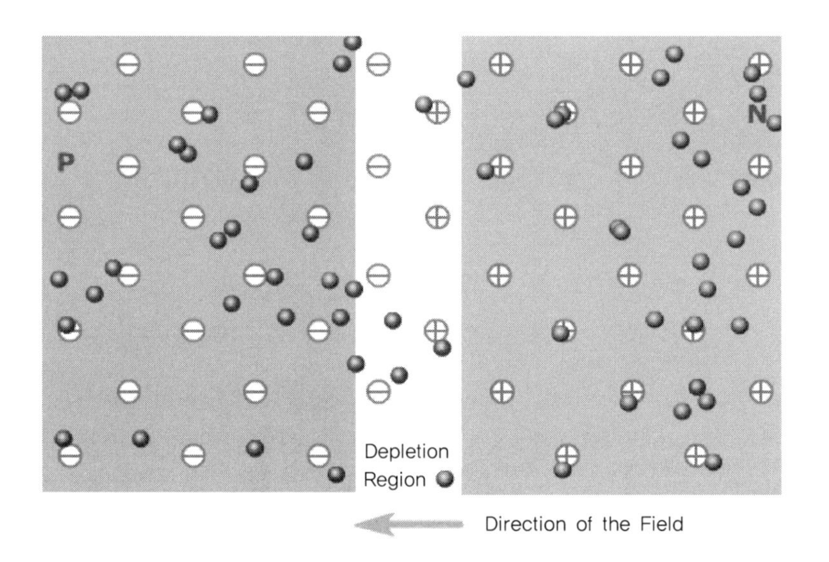

그림 3.8 p와 n의 접합 시 캐리어의 이동과 전기장 형성(2)(앞부분 컬러 그림 참조)

3.2 p−n 접합 다이오드

p형 반도체와 n형 반도체에 어떤 전압을 인가하면 결정체 내에서는 어떤 다른 방향보다 어느 한 방향으로 전류를 더 잘 흐르게 할 아무런 이유도 없으므로 전압의 극성이 바뀌면 전류의 방향도 동시에 바뀔 것이며 같은 크기의 전류가 반대 방향으로 흐를 것이다. 그러나 p형 반도체와 n형 반도체를 붙여놓으면 어떻게 될까? 이러한 구조는 p형 반도체에서 n형 반도체로 전류의 흐름에는 아주 작은 저항을 가지나 n형 반도체에서 p형 반도체로 전류의 흐름에는 아주 큰 저항을 가진다. 실제로 모든 비선형 반도체 소자의 기본 구조는 p−n 접합에 근거를 두므로 p−n 접합의 성질을 잘 이해함은 매우 중요하다.

3.2.1 열평형상태의 p−n 접합

그림 3.6과 그림 3.7, 그림 3.8은 균일한 농도 분포를 갖는 p형 반도체와 n형 반도체를 서로 밀접하게 접합시키기 전후의 상태이다. 그림 3.6과 같이 p형 반도체와 n형 반도체가 서로 떨어져 있을 때, 각각의 반도체는 단위체적당 양전하 밀도와 음전하 밀도가 동일하여 전기적 중성을 유지한다. 간단히 이야기하면 p형 반도체 속의 억셉터는 상온에서 모두 이온화되어 고정된 음전하 중심을 형성하고 억셉터 수만큼의 정공 수를 발생시킨다고 생각하라. 또한 n형 반도체 속의 도너도 상온에서 모두 이온화되어 고정된 양전하 중심을 형성하고 도너 수만큼의 자유전자 수를 발생시킨다. 정공과 자유전자는 결정체 속을 자유로이 돌아다닐 수 있으며 각각은 +q와 −q의 기본 전하량을 갖는다.

반도체 내에는 불순물의 이온화에 의해 발생되는 정공과 자유전자 이외에도 가전자대에서 전도대로 전자의 직접적인 천이로 인해 발생되는 정공과 자유전자가 있다. 그러나 이들의 농도는 정확히 서로 같고 불순물 농도에 비해 훨씬 적게 나타난다. 따라서 억셉터가 도핑된 p형 반도체와 도너가 도핑된 n형 반도체에서 단위체적당 공간전하 밀도 (δ)는 각각 다음과 같이 표현할 수 있다.

$$\delta = q(N_d + p - n) \doteqdot 0; \text{ n형 반도체} \tag{3.1}$$

$$\delta = q(p - n - N_a) \doteqdot 0; \text{ p형 반도체}$$

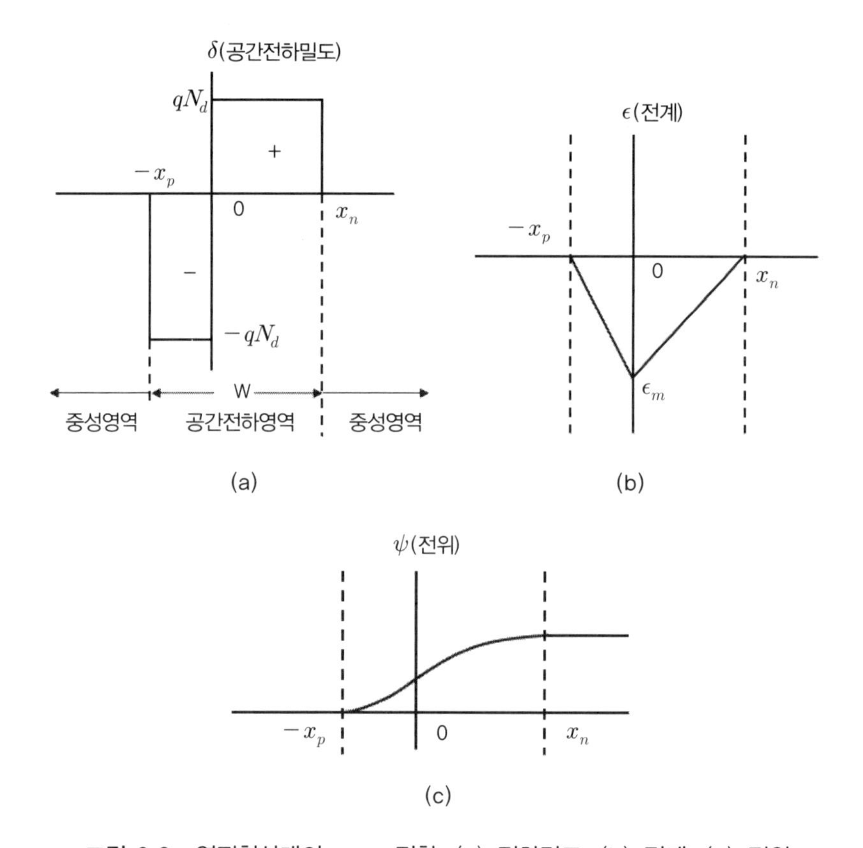

그림 3.9 열평형상태의 p−n 접합. (a) 전하밀도, (b) 전계, (c) 전위.

여기서 p와 n은 정공과 자유전자의 농도이고 N_a와 N_d는 억셉터와 도너의 농도를 나타낸다. 반면에 그림 3.7과 같이 두 반도체를 서로 밀접하게 붙여놓으면 접합으로부터 멀리 떨어진 영역에서는 별다른 변화 없이 전하 중성 조건이 여전히 만족되나 접합에 가까운 영역의 상태는 접합 전과 아주 다르게 나타난다.

즉, n 영역에는 많은 전자가 있어 이온화된 도너를 뒤에 남기고 p 영역으로 확산해 들어가며 p 영역에 있는 정공은 이온화된 억셉터를 뒤에 남기고 n 영역으로 확산하게 된다. 이러한 흐름은 접합 부근에서 공간전하에 의한 전위장벽을 형성하게 되고 결국 열평형상태가 성립되면 접합에서 캐리어의 확산 유속이 전계로부터 발생되는 반대 방향의 드리프트 유속과 같아져서 캐리어의 순수한 흐름은 없어지게 된다. 그림 3.9는 열평형상태의 p−n 접합에서 접합 부근의 공간전하 밀도와 전계 그리고 전위를 보여주고 있다. 먼저 그림 3.9(a)를 살펴보자. 접합 부근의 캐리어들이 확산이동에 의해 떠나가 버리면 접합 부근에는 이온화된 불순물만 남게 되어 $\delta \neq 0$이 된다. 문제를 간단히 하기 위해 p형 반도체 쪽에서는 $-x_p < x < 0$ 영역에 걸쳐, n형 반도체 쪽에서는 $0 < x < x_n$ 영역에 걸쳐 캐리어들이 완전히 고갈되었다고 가정하자. 그러면 $-x_p < x < x_n$ 영역에서 공간전하 밀도는 다음과 같이 나타난다.

$$\delta = -qN_a\,;\ -x_p < x < 0$$

$$\delta = \ qN_d\,;\quad 0 < x < x_n \tag{3.2}$$

따라서 우리는 $-x_p < x < x_n$ 영역을 공간전하영역(space charge region)이라고 하며 또한 캐리어가 고갈되었다고 해서 캐리어 공핍영역(carrier depletion region)이라 부르기도 한다. 그림 3.9(b)는 공간전하영역에서의 전계분포이다. 공간전하영역에서 전계와 전하밀도 간의 관계식은 Poisson 방정식에 의해

$$\frac{d\varepsilon}{dx} = \frac{\delta}{k_s\epsilon_0} \tag{3.3}$$

로 표현할 수 있다. 여기서 k_s와 ϵ_0는 반도체의 유전상수와 진공의 유전율이다. 공간전하영역에서 전계분포는 전하중성영역의 전계를 0으로 잡으면

$$\begin{aligned} \varepsilon_p(x) &= -\frac{qN_a}{k_s\epsilon_o}(x_p + x)\,;\ -x_p < x < 0 \\ \varepsilon_n(x) &= -\frac{qN_d}{k_s\epsilon_0}(x_n - x)\,;\quad 0 < x < x_n \end{aligned} \tag{3.4}$$

이 되고, 최대전계는 접합경계에서 나타난다. 공간전하영역 내에서 음의 전계는 전계의 방향이 접합경계를 중심으로 오른쪽에서 왼쪽으로 나타나고 있음을 의미한다. 전계의 연속성에 의해 $\varepsilon_p(0)$와 $\varepsilon_n(0)$는 서로 같아야 하므로 식 (3.4)로부터 우리는

$$N_a x_p = N_d x_n \tag{3.5}$$

의 관계가 성립함을 알 수 있다. 전기적 중성인 p형 반도체와 n형 반도체를 서로 접촉시켜 만든 p−n 접합이 전체적으로 전기적 중성을 유지하기 위해서는 당연히 $N_a x_p = N_d x_n$이 되어야 한다. 전계의 방향이 접합경계를 중심으로 오른쪽에서 왼쪽으로 나타나므로 x_n 위치에서 전위는 $-x_p$ 위치에서 전위보다 높다. 전계는 음의 전위경도

$-(d\psi/dx)$로 정의되므로 그림 3.9(b)의 전계분포를 적분하여 음의 값을 취하면 그림 3.9(c)에서 x_n 위치와 $-x_p$ 위치 간의 전위차(ψ_0)를 구할 수 있다.

$$\psi_0 = \psi(x_n) - \psi(-x_p) = \frac{qN_a}{2k_s\epsilon_0}{x_p}^2 + \frac{qN_d}{2k_s\epsilon_0}{x_n}^2 \tag{3.6}$$

여기서 ψ_0는 p－n 접합의 내부전위로 불리며 열평형상태에서 캐리어의 확산이동을 막아주는 전위장벽이 된다. p－n 접합에서 공간전하영역의 폭(W)은 당연히 $x_n + x_p$로 계산되나, 두 반도체 영역 중 어느 한 영역의 불순물 농도가 다른 영역의 불순물 농도보다 훨씬 높게 나타나면 공간전하영역은 불순물 농도가 낮은 영역으로만 나타난다. 예를 들어, p^+－n 접합은 $N_a \gg N_d$이므로 $N_a x_p = N_d x_n$ 관계식에서 $x_p \ll x_n$임을 알 수 있다. 따라서 위의 식으로부터 p^+－n 접합의 공간전하영역 폭을 다음과 같이 근사적으로 표현할 수 있다.

$$W \approx x_n \approx \sqrt{\frac{2k_s\epsilon_0\psi_0}{qN_d}} \; ; p^+ - \text{n 접합} \tag{3.7}$$

반면에 p－n^+ 접합의 경우는 $N_a \ll N_d$이므로 $W = x_p$로 나타나게 됨을 유의하라.
이제 우리는 열평형상태에서 p－n 접합의 에너지 밴드 구조를 생각해보자. n－중성영역은 p－중성영역보다 전위가 ψ_0만큼 높으므로 n－중성영역에서 자유전자의 위치에너지는 p－중성영역에서 보다 $q\psi_0$만큼 낮다. 또한 열평형상태에서는 순수한 캐리어의 흐름이 없으므로 Fermi 에너지(E_f)가 모든 위치에서 일정하게 나타난다. 결과적으로 열평형상태에서 p－n 접합의 에너지 밴드는 그림 3.10과 같이 나타난다. 그림 3.10에서 에너지 밴드 내 자유전자의 분포는 경사진 바닥에 고여 있는 물의 분포에 비유될 수 있다. 경사진 바닥에 고여 있는 물이 어느 쪽으로도 흐르지 않는 것은 바닥이 높은 쪽에서 낮은 쪽으로의 흐름과 물의 양이 많은 쪽에서 적은 쪽으로의 흐름이 정확히 평형을 이루기 때문이다.

이와 같이 열평형상태의 p－n 접합에는 공간전하영역에서 캐리어의 확산유속이 전계로부터 발생되는 반대 방향의 드리프트 유속과 같아져서 캐리어의 순수한 이동이 없으므로 전류가 흐르지 않는다.

그림 3.10으로부터 p－n 접합의 내부전위는 $q\psi_0 = E_i$(p－중성영역)－ E_i(n－중성영

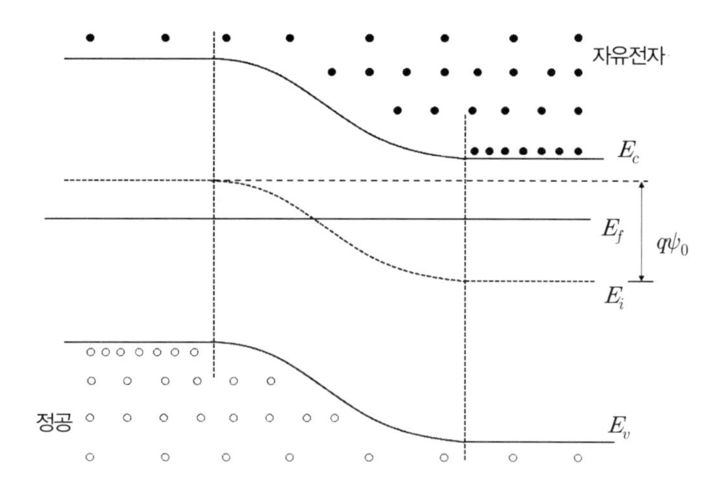

그림 3.10 열평형상태에서 p−n 접합의 에너지 밴드

역)으로 표현되며 E_i(p−중성영역)$-E_f = kTln(N_a/N_i)$, $E_f - E_i$(n−중성영역)$= kTln(N_d/N_i)$의 관계식을 이용하면

$$\psi_0 = \frac{kT}{q} ln \frac{N_a N_d}{{n_i}^2} \tag{3.8}$$

가 된다.

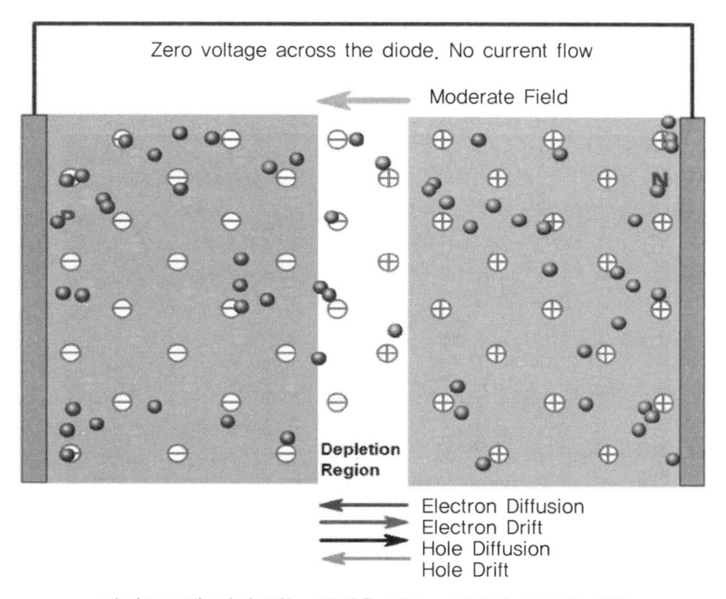

다이오드에 걸려 있는 전압은 제로. 전류가 흐르지 않음

그림 3.11 평형상태에서의 다이오드(앞부분 컬러 그림 참조)

3.2.2 전압이 인가된 p−n 접합

p−n 접합에 외부전압이 인가되면 공간전하영역의 저항이 중성영역의 저항보다 월등히 크므로 인가전압은 고스란히 공간전하영역에 걸린다고 볼 수 있다. p−n 접합에 전압을 인가하는 방식으로는 그림 3.12와 같이 n형 반도체를 기준으로 p형 반도체에 (+) 전압을 거는 방식과 (−) 전압을 거 는 방식이 있다. 그림 3.12(a)와 같이 n형 측단에 대해 p형 측단에 높은 전압($+V_F$)을 인가하면 p−n 접합의 공간전하영역을 통해 나타나는 전위장벽의 높이는 $\psi_0 - V_F$로 열평형상태에서보다 낮아진다. 열평형상태로부터 전위장벽의 높이가 낮아지면 어떤 현상이 일어나는지 알아보자. 그림 3.10의 에너지 밴드 구조에서 p형 반도체의 전도대 바닥을 고정시키고 n형 반도체의 전도대 바닥을 들어 올려보자. 당연히 n형 전도대에 있는 많은 자유전자들이 확산에 의해 p형 전도대로 흘러들어갈 것이다.

같은 원리로 p형 가전자대에 있는 정공들은 n형 가전자대로 확산해 들어간다. 그림 3.12(a)와 같은 전압인가 방식을 순방향 바이어스라고 하며 p−n 접합이 순방향 바이어스 상태가 되면 접합을 통한 캐리어들의 확산이 활발해져서 큰 전류가 흐르게 된다. 이와 반대로 그림 3.12(b)와 같이 n형 측단에 대해 p형 측단에 낮은 전압($-V_R$)을 인가하면 p−n 접합의 역바이어스 상태가 되면 각 반도체 영역에 있는 소수 캐리어들이 공간전하영역을 통해 이웃하는 반도체 영역으로 드리프트 이동된다.

이를 쉽게 알아보기 위해 이번에는 그림 3.10의 에너지 밴드 구조에서 p형 반도체의 전도대 바닥을 고정시키고 n형 반도체의 전도대 바닥을 끌어내려보자. 그러면 p형 전도대에 있는 소수 캐리어인 자유전자들이 공간전하영역을 통해 낙하하면서 n형 전도대로 흘러갈 것이다. 그러나 이러한 소수 캐리어의 흐름은 기본적으로 워낙 적어 접

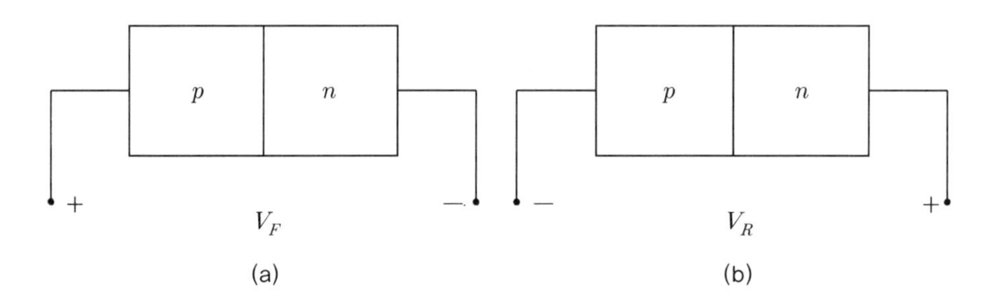

그림 3.12 p−n 접합에 전압을 인가하는 방식. (a) 순방향 바이어스, (b) 역방향 바이어스.

합을 통한 전류의 크기는 매우 작게 나타난다. 그림 3.13은 바이어스 상태에 따른 p+−n 접합의 에너지 밴드이다. 식 (3.9)를 살펴보면 p+−n 접합의 경우 공간전하영역은 접합을 중심으로 n형 반도체 쪽으로 나타나고 폭은 전위장벽 높이의 제곱근에 비례한다. 따라서 그림 3.13과 같이 순바이어스 상태에서 공간전하영역의 폭(W')은 열

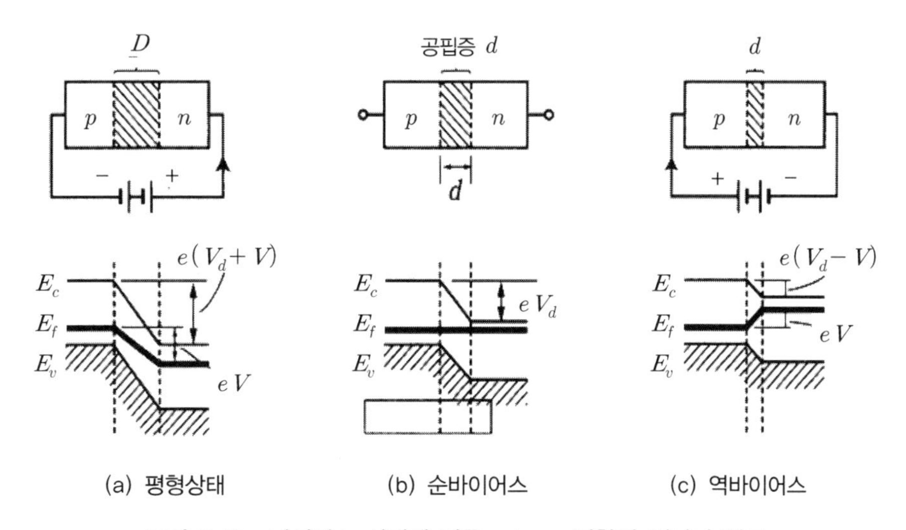

그림 3.13 바이어스 상태에 따른 p+−n 접합의 에너지 밴드

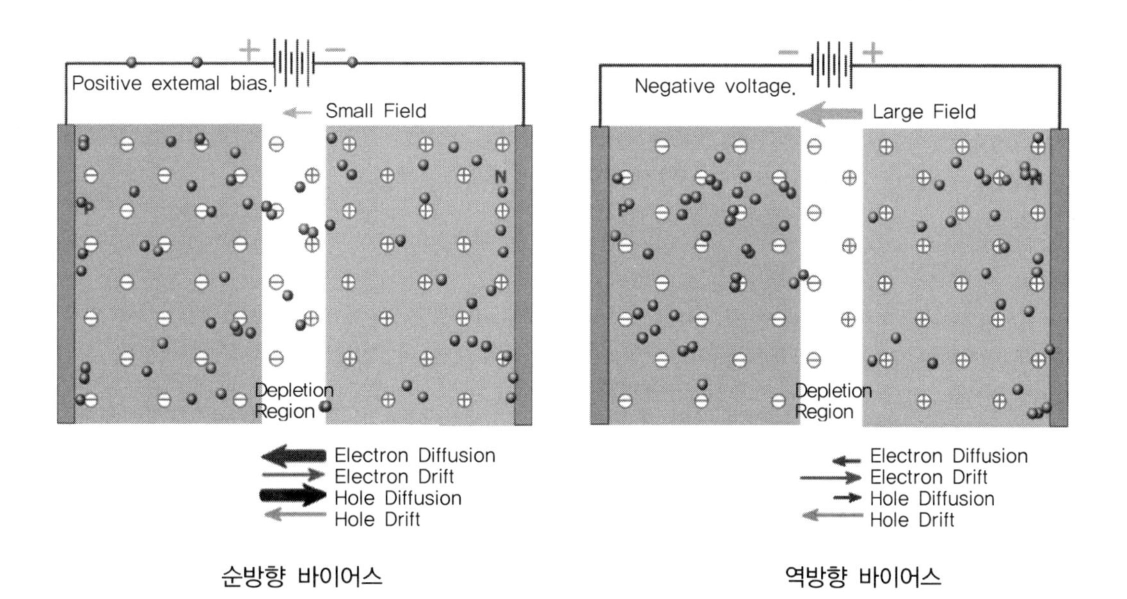

그림 3.14 전압이 인가된 상태의 다이오드(앞부분 컬러 그림 참조)

평형상태에서보다 줄어들고 역바이어스 상태에서는 공간전하영역의 폭(W“)이 늘어나게 된다. 또한 외부에서 인가된 전압은 p−중성영역과 n−중성영역의 Fermi 전위 차이를 가져와 $qV = E_{fn} - E_{fp}$로 나타난다. 전압이 인가된 상태에서 p+−n 접합의 공간전하영역의 폭은 일반적으로 다음과 같이 표현된다.

$$W = \sqrt{\frac{2k_s\epsilon_0(\psi_0 - V)}{qN_d}} \tag{3.9}$$

여기에서 식 (3.9)가 역바이어스 상태와 매우 작은 전류가 흐르는 순바이어스 상태에서 성립되는 관계식이며, 순방향 전류가 크게 증가하여 공간전하영역의 캐리어 농도가 고정된 불순물 이온 농도에 비해 무시할 수 없게 될 경우에는 더 이상 맞지 않음에 유의해야 한다.

연습문제

1. 실리콘 결정격자에서의 공유결합을 그리고 설명하라.

2. n–형 반도체를 만드는 방법을 설명하라.

3. p–형 반도체를 만드는 방법을 설명하라.

4. p–n 접합의 형성 시 전자와 정공의 이동도를 그려보라.

5. p–n 접합의 형성 시 전자 정공의 확산과 표류에 대해 설명하라.

6. p–n 접합 구조에 대한 열평형상태에서의 에너지 밴드와 공간전하밀도, 전계, 전위 분포를 그리라.

7. p–n 접합 다이오드에 순방향 바이어스를 인가하였을 때 에너지 밴드의 변화를 그리고 설명하라.

8. p–n 접합 다이오드에 역방향 바이어스를 인가하였을 때 에너지 밴드의 변화를 그리고 설명하라.

04 CHAPTER

반도체 소자

60, 70년대 초반까지만 해도 일반 가정에서 전자제품은 라디오 정도가 고작이었을 것이다. 그러나 30~40년이 지난 지금은 휴대폰, 냉장고, TV, 컴퓨터 등 수많은 전자제품에 파묻혀 살고 있다. 이러한 전자제품의 내부는 전자회로로 구성되어 있다. 전자회로 내에는 선형소자인 저항기(resistors)와 커패시터(capacitors), 그리고 비선형소자인 다이오드(diodes)와 트랜지스터(transistors) 등이 상호배선을 통해 복잡하게 연결되어 있음을 볼 수 있다. 전자회로를 구성하는 이러한 기본 소자들은 대부분 반도체로부터 만들어지며 반도체 기술은 오늘날 첨단전자산업의 핵심기술로 자리 잡고 있다.

이 장에서는 반도체로부터 만들어지는 저항기와 커패시터, 다이오드와 트랜지스터들의 기본 구조와 동작 원리에 대해 알아보기로 한다.

4.1 저항

우리가 학교에서 배웠듯이 저항은 전압에 따른 전류의 크기를 정한다. 반대의 경우, 주어진 전류에 따라 전압 값을 결정하기도 한다. 저항이란 '어떤 흐름을 막는 정도'로 정의할 수 있으며 지금부터 전기적 관점에서 임의 물체의 전기저항을 생각해보자. 그림 4.1은 임의 물체에 전류를 흘리기 위해 전기저항을 무시할 수 있는 도선으로 전원

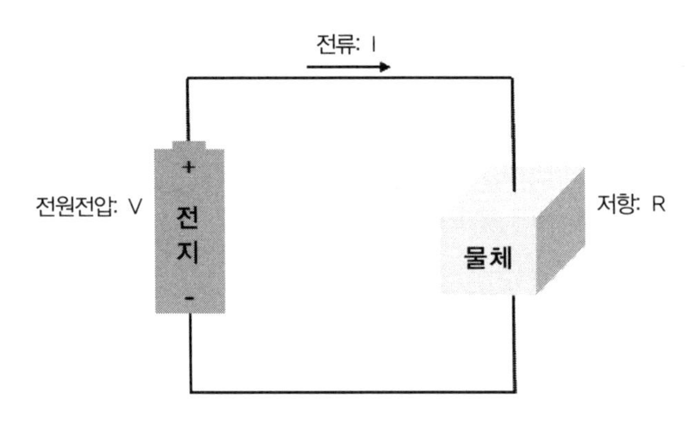

그림 4.1 임의 물체를 통한 전기 흐름

전압(V)을 연결한 상태이다. 그림 4.1에서 물체의 전기저항(R)이 클수록 흐르는 전류의 크기(I)는 작아지며 $R-I-V$ 사이의 관계는 다음과 같이 나타난다. 어떤 물체에 인가된 전압과 흐르는 전류가 식과 같이 선형적 관계로 나타날 때 그 물체를 저항기(resistors)라고 부르며 저항기의 저항단위는 옴(Ω)으로 표시된다.

$$R = \frac{V}{I}$$

저항의 기호는 그림 4.2와 같다.

그림 4.3에서 저항기의 중간에 여러 가지 색의 띠가 보이는데 이것은 저항 값을 나타내는 기호다. 즉 수치를 색으로 나타낸 것이다.

그림 4.2 저항의 기호

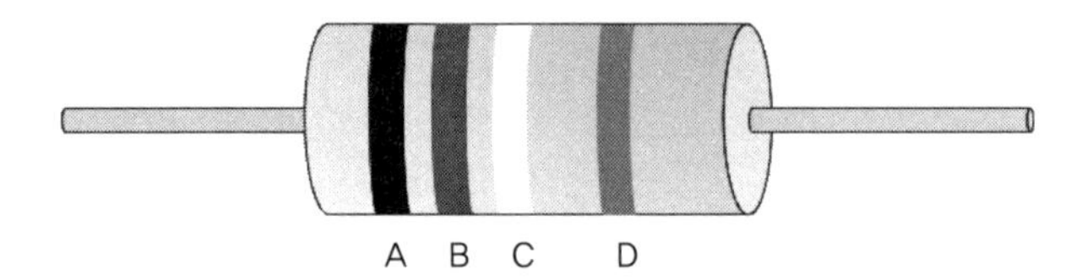

그림 4.3 저항기 색의 띠

표 4.1 색저항에서 각 색에 해당하는 숫자와 저항의 오차 한계

	A(%)	B(%)	C(%)	D(%)
흑색	0	0	0	
갈색	1	1	1	
빨강	2	2	2	
주황	3	3	3	
노랑	4	4	4	
초록	5	5	5	
파랑	6	6	6	
보라	7	7	7	
회색	8	8	8	
흰색	9	9	9	
금색				5
은색				10
무색				20

이러한 색 띠를 보고 저항 값을 알아내는 방법은 다음과 같다.

$$\text{저항 값} = (AB \times 10^{C}\,\Omega) \pm D\,(\%)$$

4.2 다이오드

다이오드는 전류를 한쪽 방향으로만 흐르게 하는 성질이 있다. p형 반도체와 n형 반도체에 어떤 전압을 인가하면 결정체 내에서는 어떤 다른 방향보다 어느 한 방향으로 전류를 더 잘 흐르게 할 아무런 이유도 없으므로 전압의 극성이 바뀌면 전류의 방향도 동시에 바뀔 것이며 같은 크기의 전류가 반대 방향으로 흐를 것이다. 그러나 p형 반도체와 n형 반도체를 붙여놓으면 p형에서 n형으로 전류의 흐름에는 아주 작은 저항을 가지나 n형 반도체에서 p형 반도체로 전류의 흐름에는 아주 큰 저항을 가진다. 우리가 사용하는 대부분의 다이오드들은 플래너 기법으로 만들어진다. 다이오드의 기본

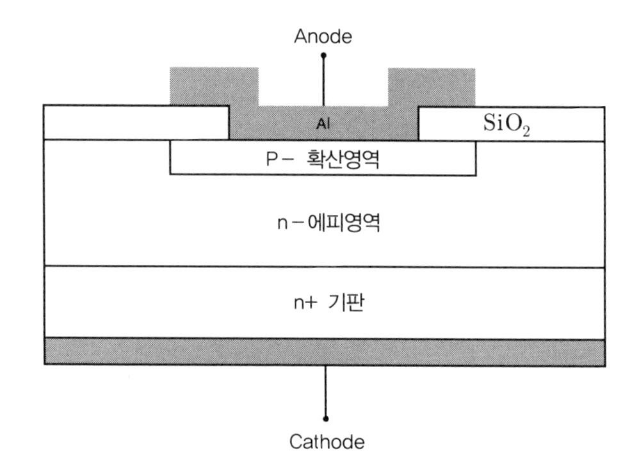

그림 4.4 일반적인 다이오드의 구조

구조는 그림 4.4와 같이 p−n 접합으로 이루어지고 있으며 각 반도체 영역의 끝단에는 Al 금속전극이 붙어 있다.

다이오드의 기호는 그림 4.5와 같다.

다이오드에서 +, − 표시는 각각 양극, 음극을 나타내는 것으로 + 단자에 − 단자보다 높은 전압이 걸리면 전류가 흐르고 이 연결 상태를 순방향(forward bias)이라 한다. 반대의 경우는 전류가 흐르지 않으며 이 연결 상태를 역방향(reverse bias)이라 한다. 따라서 건전지의 양극에 다이오드의 + 단자를 연결하면 꼬마전구에 불이 켜지고, − 단자를 연결하면 불이 켜지지 않는다.

실제로 모든 비선형 반도체 소자의 기본 구조는 p−n 접합에 근거를 두므로 p−n 접합의 성질을 잘 이해함은 매우 중요하다.

다이오드의 전류−전압 특성은 항복영역(breakdown region)을 제외하고는

$$I_t = I_p(0) + I_n(0) = I_0(e^{qV/kT} - 1)$$

과 같다.

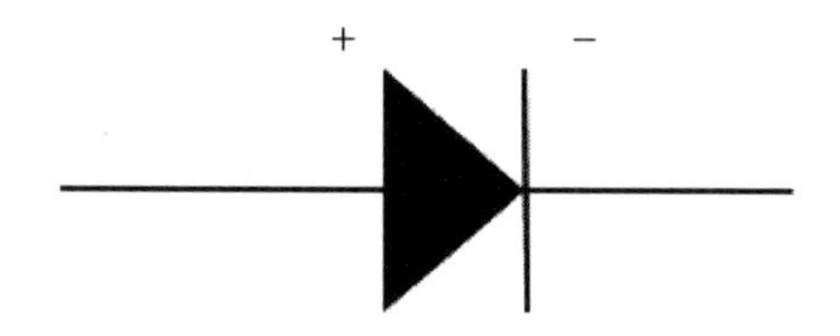

그림 4.5 다이오드 기호

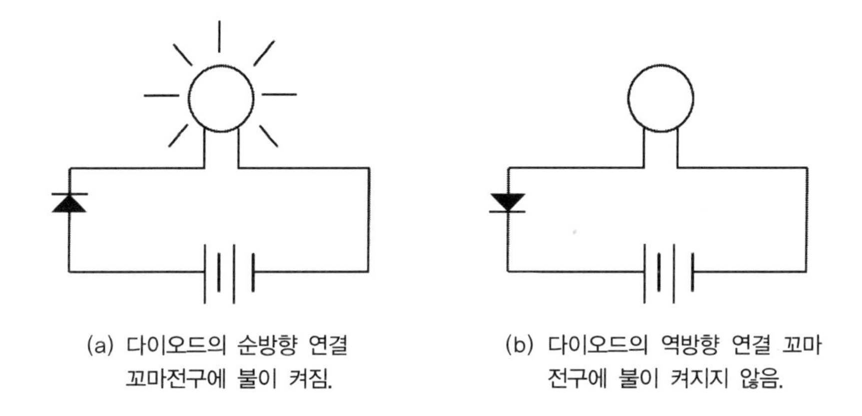

그림 4.6 다이오드의 순방향 연결과 역방향 연결

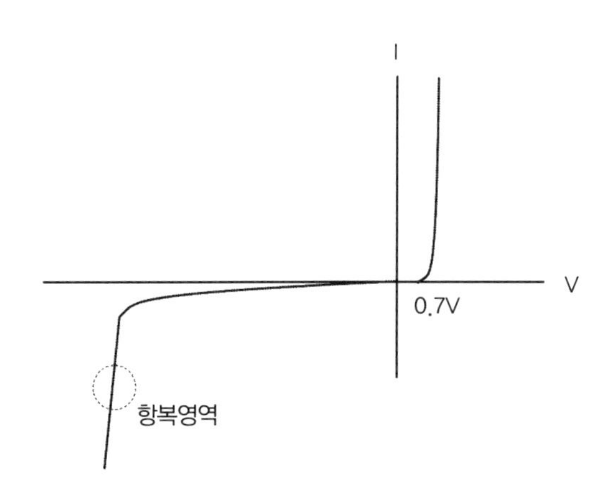

그림 4.7 Si p−n 접합다이오드의 일반적인 전류−전압 특성 곡선

그림 4.7에서 역바이어스 상태에서는 항복영역에 이르기 전까지 수 nA 정도의 일정한 역포화 전류가 흐르고 순바이어스 상태에서는 전압에 따라 지수함수적으로 증가하여 0.7 V의 작은 전압에서도 매우 큰 전류가 흐름을 알 수 있다. 다이오드에 역바이어스 전압을 계속적으로 증가시키면 어느 순간 역방향 전류가 급증하게 되는데 이를 다이오드의 항복현상이라고 한다. 결과적으로 다이오드는 순방향으로 전류를 잘 흘려주고 역방향으로는 항복영역에 이르기 전까지 전류를 거의 흘리지 않으므로 주로 정류기에 사용되며 항복현상은 전압조정기 등에 이용된다.

4.2.1 다이오드의 종류

(1) 제너 다이오드(Zener Diode) – 정전압 다이오드

제너 다이오드는 정전압이나 기준전원을 얻기 위해서 자주 사용되는 소자이다. 제너 다이오드는 보통 다이오드와 달리 역방향으로 전압을 걸어 사용한다.

보통의 p–n 접합 다이오드에 30 V 이상의 역방향 전압을 가하면 항복현상이 일어나 갑자기 전류가 흐르는데 이것을 제너 효과라고 하며, 제너 다이오드는 이러한 현상이 비교적 낮은 전압에서도 일어나도록 하기 위하여 반도체에 혼합하는 불순물의 양을 조정한 것이다. 이 부분에서는 다이오드에 흐르는 전류가 급격히 증가하여도 단자전압은 거의 일정하며, 이 성질을 이용하여 전압 기준용으로 만들어진 것이 제너 다이오드 또는 정전압 다이오드라고 한다.

(2) 바리캡 다이오드(Variable–Capacitance Diode) – 가변용량 다이오드

바리캡 다이오드는 가변용량 다이오드로 바렉터라고도 부르며, 다이오드 접합부의 용량이 역전압에 비례라는 것을 이용한 것이다. p–n 접합 다이오드에 역방향 전압을 가하면 생성된 공핍층은 절연성을 띄게 되므로 유전체에서의 커패시터 같은 역할을 하며, 역방향 바이어스 전압이 증가하면, 공핍층의 폭은 넓어지게 되어 유전체의 두께가 증가하는 효과를 가져오므로 커패시턴스가 감소하게 된다. 반대로 역방향 바이어스 전압이 감소하면 커패시턴스가 증가하게 된다.

이와 같이 경계를 이룬 반도체 표면의 공간전하영역이 전압에 의해 영향을 받기 때문에 접합 용량이 전압의 크기에 따라 변화하는 성질을 텔레비전이나 FM튜터, 무전기 등 고주파 변조나 주파수 변환, 동조, 믹서 등에 이용된다.

(3) 정류 다이오드(Rectifier Diodes)

일반적으로는 평균 전류 1 V 이상의 것을 가리키며 전원의 정류회로에 이용하며, 소전력용부터 대전력용까지 많은 종류가 있으며 패키지도 풍부하다. 가장 많이 생산되는 것은 소전력용의 1 A급으로 정류 다이오드의 약 70 %를 차지하고 있다. 스위칭 다이오드와의 차이점은, 스위칭 다이오드는 ON/OFF를 위해 동전압에 정해진 전압에서

완벽하게 ON, OFF시키지만 정류 다이오드는 p−n 접합부에 낮은 전압이 걸려도 흘려주고 낮은 역전압이 걸려도 차단하는 역할을 하게 된다.

(4) 스위칭 다이오드(Switching Diode)

p−n 접합의 정류효과를 이용하여 회로의 스위칭을 주로 하는 다이오드이다. 순방향 회복시간, 역방향 회복시간, 접합 용량 및 순방향 입력 펄스 상승 시에 오버슈트가 적어야 한다. 일반적으로 스위칭 다이오드라고 하면 쇼트키 다이오드나 밴드스위칭 다이오드도 포함하며, 동작속도가 빠르고 수명이 길다.

(5) 쇼트키 다이오드(Schottky Barrier Diode; SBD)

원 명칭은 쇼트키베리어 다이오드라고 한다. 일반 다이오드는 p−n 접합으로 구성되는 데 비해 쇼트키 다이오드는 n형 반도체 표면에 금속막을 증착−도금 등의 방법으로 부착시켜 만든 쇼트키형의 장벽을 통해서 반도체 속에 캐리어를 주입시켜 만든다. 즉, 반도체 표면에 금속을 도핑시키면 금속과 반도체 사이에 전위장벽(0.4~0.5 V)이 형성되는데 이것을 이용한 다이오드가 쇼트키 다이오드라고 한다. 쇼트키 다이오드는 실리콘이나 칼륨비소와 같은 반도체 재료와 몰리브덴, 티탄, 금 등과 같은 금속 재료를 접촉시켜서 만든다.

4.3 트랜지스터

최초의 트랜지스터는 쌍극성 트랜지스터로서 1948년 벨(Bell) 전화연구소의 바딘(Bardeen), 브래튼(Brattain), 쇼클리(Shockly)에 의해 발명되었다. 트랜지스터(transistor)는 전달(transfer)과 저항기(resistor)라는 두 낱말의 합성어이다. 트랜지스터는 전류를 증폭할 수 있는 부품으로 작은 전기 신호를 받아 증폭하는 작용을 한다.

트랜지스터는 베이스(base), 이미터(emitter), 컬렉터(collector)로 구성되어 있고, 발의 수는 3개이다. 트랜지스터는 진공관에 비하여 소형이고, 가벼우며, 튼튼하고, 수명이 반영구적이다. 진공관은 열전자를 이용하므로 히터용 전력이 소모되지만 트랜지스터는

그림 4.8 트랜지스터

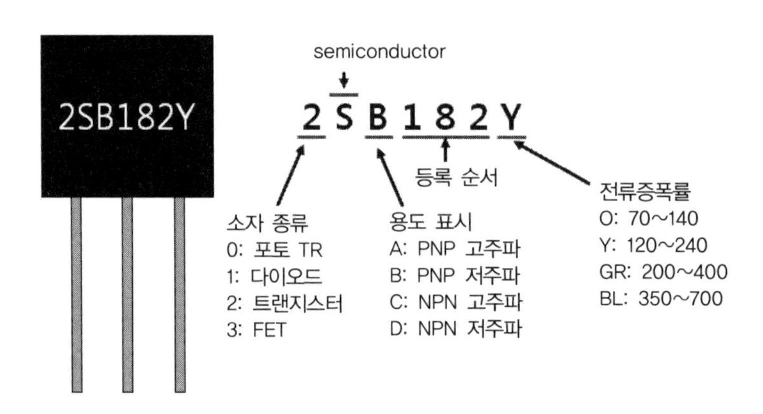

그림 4.9 소자 표기 및 확인 방법

전자와 정공을 이용하므로 내부 저항이 극히 작기 때문에 전력 소모가 적다. 그러나 열에 약하고 출력이 작다는 단점을 지니고 있다.

4.3.1 트랜지스터 동작

트랜지스터는 두 단자를 통하는 전류가 제3단자의 전류 혹은 전압의 작은 변화에 의해 제어될 수 있다는 중요한 특성을 지닌 3단자 소자이다. 이 제어 특성으로 인해 작은 교류신호를 증폭하거나 온 상태에서 오프 상태로, 그리고 다시 원 상태로 스위칭 시킬 수 있도록 해 준다. 이들 두 동작, 증폭(amplification)과 스위칭(switching)은 많은 전자적 기능의 기본이다.

(1) 부하선

그림 4.10과 같은 비선형 $I-V$ 특성을 가진 2단자 소자를 생각해보면, 이 특성 곡선은 여러 인가전압에 대한 전류를 측정하거나 되풀이하여 I와 V 값을 변화시켜 그 결과의 곡선을 표시하는 곡선 트레이서라는 오실로스코프를 사용함으로써 실험적으로 이 곡선을 결정할 수도 있을 것이다. 이와 같은 소자를 그림에 나타낸 것과 같이 간단한 전지－저항의 조합으로써 바이어스시킬 때 I_D와 V_D의 정상상태 값들이 얻어진다. 이들 값을 구하기 위하여 이 회로를 일주하여 우선 환로방정식을 쓰면

$$E = i_D R + v_D$$

이다.

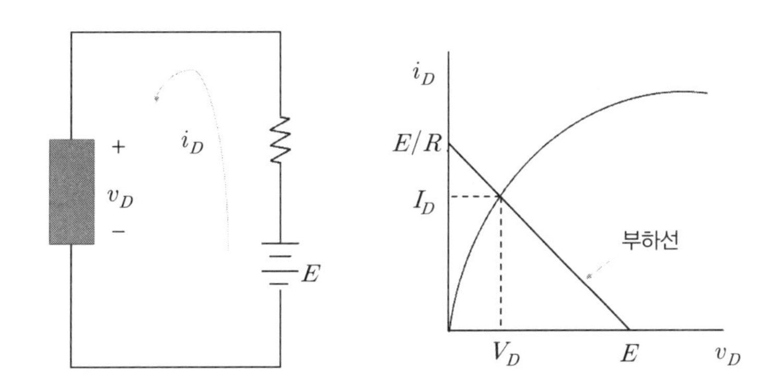

그림 4.10 2단자 비선형 소자. (a) 바이어스 회로, (b) $I-V$ 특성과 부하선.

(2) 증폭과 스위칭

제어전압에 교류 전압을 첨가해주면 V_G에 작은 변화를 줌으로써 i_D의 큰 변화 값을 얻을 수 있다. 예를 들면, 그림 4.11에서 V_G를 직류 값을 중심으로 0.25 V까지 변화시켜줌에 따라 V_d는 직류 값 V_D를 중심으로 2 V만큼 변한다. 그러므로 교류신호의 증폭은 2/0.25=8이다. V_G의 같은 변화에 대한 특성 곡선들이 i_D축에서 같은 간격을 두고 떨어져 있으면 작은 제어신호를 충실하게 증폭시킨 형태를 얻을 수 있다. 이와 같은 형태의 전압 제어된 증폭은 쌍극성 트랜지스터에 비해 전계효과 트랜지스터에 있어 전형적이다. 쌍극성 트랜지스터에서는 작은 제어전류가 소자전류의 큰 변화를 성취하는 데 사용된다. 즉, 전류 증폭을 한다.

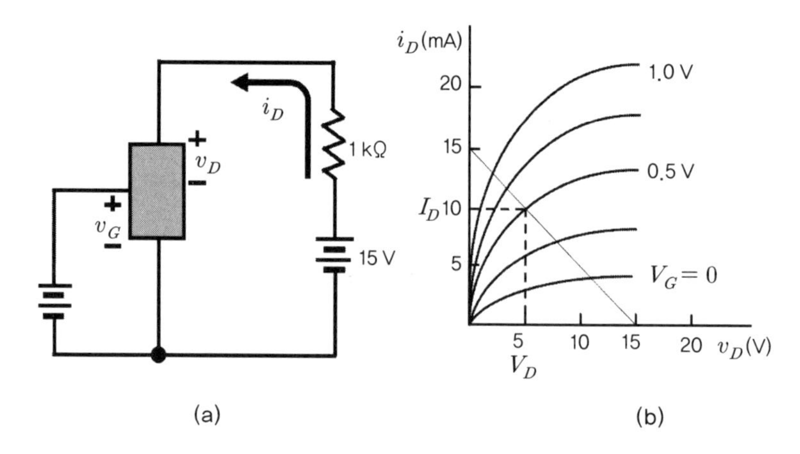

그림 4.11 제3단자에서의 전압 V_G에 의하여 제어될 수 있는 3단자 비선형 소자. (a) 바이어스 회로, (b) $I-V$ 특성과 부하선. $V_G = 0.5$ V이면 I_D와 V_D의 직류 값은 점선으로 보인 것과 같다.

트랜지스터의 또 다른 중요한 기능은 전자소자의 단속(on and off)에 대한 스위칭 작용이다. 그림 4.11의 예에서 V_G를 적당히 변화시킴으로써 트랜지스터의 동작점을 부하선의 아래쪽 끝($i_D = 0$)에서 거의 정상까지($i_D \simeq E/R$) 스위칭할 수 있다. 제3단자로 제어할 수 있는 이와 같은 스위칭 형식은 디지털 회로에서 특히 유용하다.

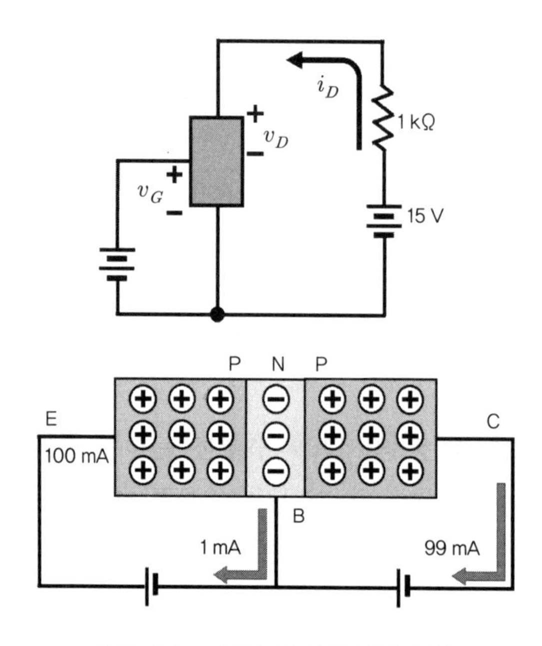

그림 4.12 트랜지스터의 증폭 작용

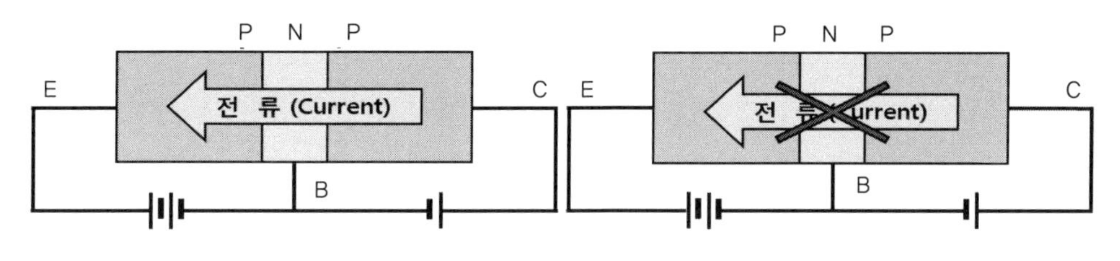

그림 4.13 트랜지스터의 스위칭 작용

4.3.2 트랜지스터의 종류

트랜지스터의 종류는 크게 전자와 정공을 캐리어로 이용하는 바이폴라 트랜지스터와 둘 중 하나만 캐리어로 사용하는 전계효과 트랜지스터로 구분된다.

(1) 바이폴라 트랜지스터

증폭기나 스위치로 사용할 수 있는 능동 3단자 소자인 바이폴라 트랜지스터는 1940년대 후반에 제안되었으며 1970년대 중반까지 가장 널리 사용되는 전자소자였다. MOS 전계효과 트랜지스터(MOSFET)가 개발된 이후 그 중요성을 어느 정도 잃기는 했지만 고전력소자와 고속논리 등의 응용분야에서는 여전히 바이폴라 트랜지스터가 사용되고 있다.

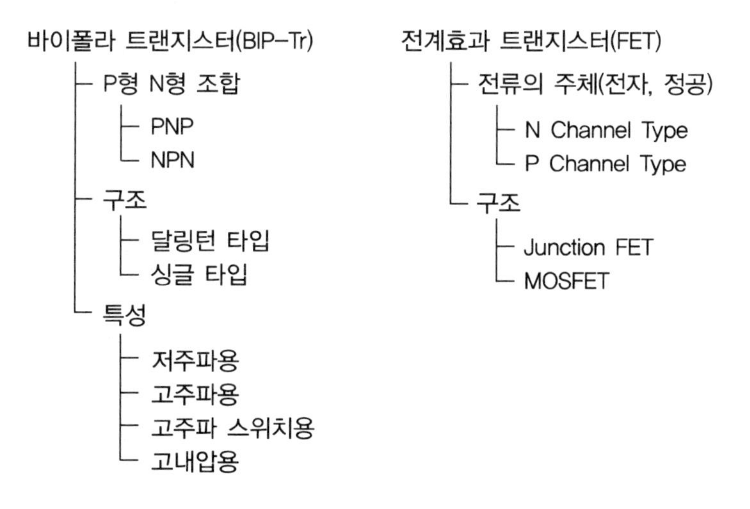

그림 4.14 트랜지스터의 분류

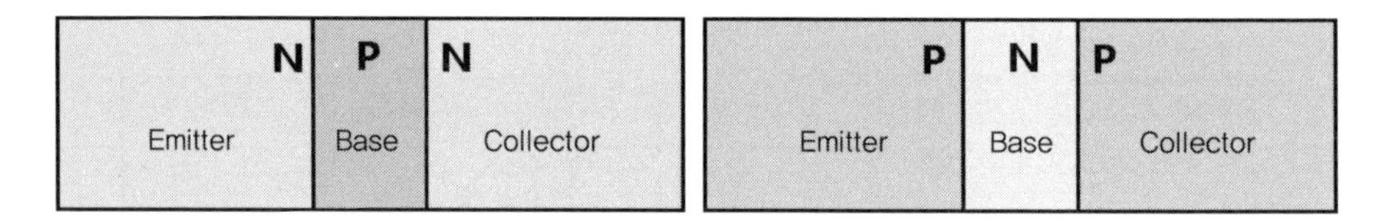

그림 4.15 바이폴라 트랜지스터 구조

바이폴라 트랜지스터의 특징으로는 다음과 같은 것이 있다.

- 2개의 PN 접합을 가지며, 전자 및 정공의 양쪽 캐리어를 이용하여 증폭 또는 스위칭 동작을 하는 트랜지스터이다.
- 2고주파 특성이 뛰어나고 물리량에 따라 특성이 결정되기 때문에 변동이 적다.
- 2주파 디바이스, 오디오 출력, 아날로그 IC, 시리즈 레귤레이터 등의 아날로그 용도에 적합하다.
- NPN 트랜지스터의 경우 순방향 전압을 인가하여 베이스-이미터 전압이 낮아지도록 하여 이미터 영역에서 베이스 영역으로 전자가 주입되게 한다.
- 베이스층의 두께를 얇게 하면 대부분의 전자는 확산 전류로 베이스-컬렉터 전압에 도달하여 컬렉터 전류가 된다. 동시에 베이스에서 이미터 쪽으로 정공이 주입되어 베이스 전류가 된다.
- 베이스보다 이미터의 불순물 농도를 2자리 높이고 베이스의 비율을 낮추면 아주 작은 베이스 전류로도 큰 컬렉터 전류를 제어할 수 있다.
- NPN 트랜지스터는 전자를 전류로 사용하지만 PNP 트랜지스터의 경우 정공을 전류로 사용하므로 전류가 흐르는 방향은 반대가 된다.

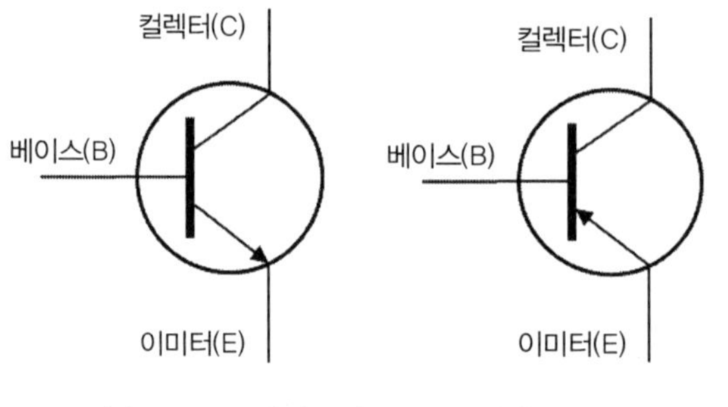

그림 4.16 트랜지스터 기호

(2) 전계효과 트랜지스터

오늘날 고집적 회로에서 주류를 이루는 반도체 기술은 MOS 기술이며, 최근 몇 년 동안 금속－산화물－반도체 전계효과 트랜지스터(metal－oxide－semiconductor field effect transistor; MOSFET)는 판매시장과 응용분야에서 바이폴라 트랜지스터를 훨씬 앞지르고 있다. MOSFET는 바이폴라 트랜지스터에 앞서 1930년에 Lilinfeld가 등록한 특허에 그 기원을 두고 있으나 1960년에 이르러 벨연구소의 한국인 강대원 박사가 오늘날의 MOSFET 구조를 제안하기 전까지는 반도체 공정 및 처리기술의 미숙으로 재현성 있는 소자의 개발이 이루어지지 않았다. MOSFET는 바이폴라 트랜지스터에 비해 구조가 간단하고 생산단가가 적게 들고 고집적 회로와 대량생산 분야에서 앞으로도 반도체 소자의 주종을 이룰 것으로 판단된다.

전계효과 트랜지스터의 특징은 다음과 같다.

- 스위칭 동작이 뛰어나고 간단한 구조와 CMOS 게이트를 사용하여 낮은 소비전력을 가진다.
- 미세가공기술(micro fabrication technology)에 의해 고성능을 갖추고 있어 디지털 LSI 소자에는 빼놓을 수 없다.

다음으로 전계효과 트랜지스터 중 응용분야가 가장 넓은 MOSFET의 구조 및 동작 원리를 알아보겠다.

4.3.3 MOSFET

(1) MOS의 구조

금속(metal)과 반도체(semiconductor)의 사이에 절연물(insulator)을 둔 구조를 MIS 구조라고 한다. 실용적으로는 아래에 기술하는 트랜지스터의 게이트 전극용의 절연물로서 산화물(oxide)을 쓰는 것이 대부분이고 특히 MOS 구조라고 한다. 두께 10 nm 이하로 엷은 절연물을 둔 구조에서는 전자가 터널 효과로 절연물 내를 파동적으로 빠져나가 쇼트키(Schottky) 장벽의 특성과 다른 p－n 접합과 같은 소수 캐리어의 확산 전류가 흐른다. 소자의 구조는 p형 기판 위에 제조된다. 여기에 n+S와 n+D 영역으로

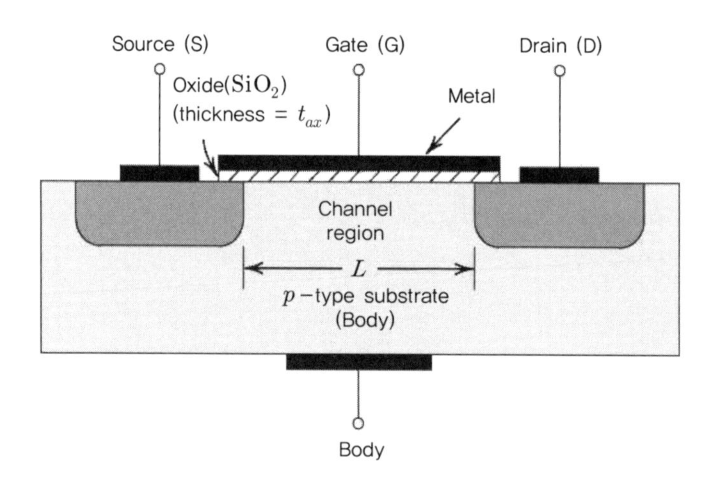

그림 4.17 증가형 n-채널 MOSFET

표시된 고농도로 도핑된 n영역들이 기판 위에 만들어져 있다. 그리고 Source와 Drain 사이에 전기적 절연 특성이 양호한 이산화 실리콘(SiO_2)층이 형성되어 있다. 그 위에 금속이 있고 G 단자가 위치하고 있다.

그림 4.17은 전형적인 MOS 구조이다.

(2) MOSFET 동작

게이트 전압이 없을 때 D→S로 전도되는 것을 막는다. 두 단자 사이에는 D와 기판 사이에 그리고 S와 기판 사이에도 p−n 접합이 형성되어 약 $10^{12}\,\Omega$ 정도의 저항이 존재하게 되어 전류가 전도되지 않는다.

게이트에 전압이 인가되었을 때는 그림 4.18과 같다.

G에 (+)전압이 인가되면 게이트의 이산화 실리콘 아래에 전하가 유도된다. 전하가 증가하여 기판의 정공이 전자로 메꾸어지면 p판은 n으로 도핑된다. 이때 도핑된 부분은 전류가 흐를 수 있게 된 상태이다. 여기서 전류가 흐를 수 있게 G에 인가된 전압을 문턱전압 V_t(Threshold Voltage)라고 한다.

여기서 G에 인가된 전압을 v_{GS}라고 할 때 채널을 통해 흐르는 전류는 $v_{DS} = v_{GS} - V_t$에서 일정하게 유지된다. 이 부분에서 MOSFET는 포화영역(Saturation region)에 들어갔다고 이야기한다. 포화가 일어날 때 전압을

$$v_{DSsat} = v_{GS} - V_t$$

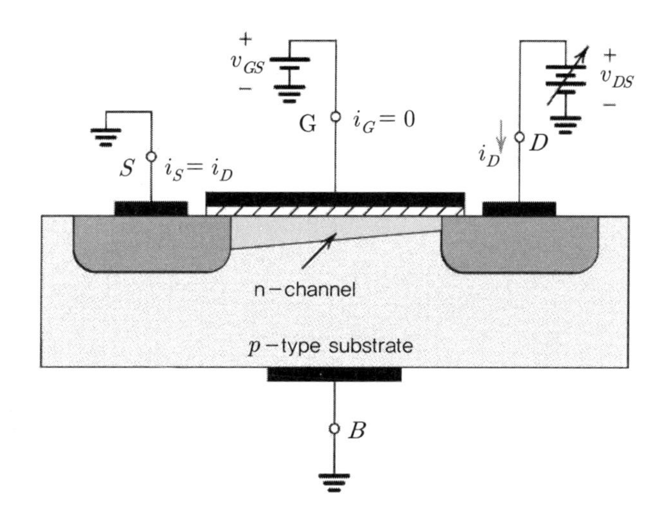

그림 4.18 게이트에 전압이 인가되었을 때

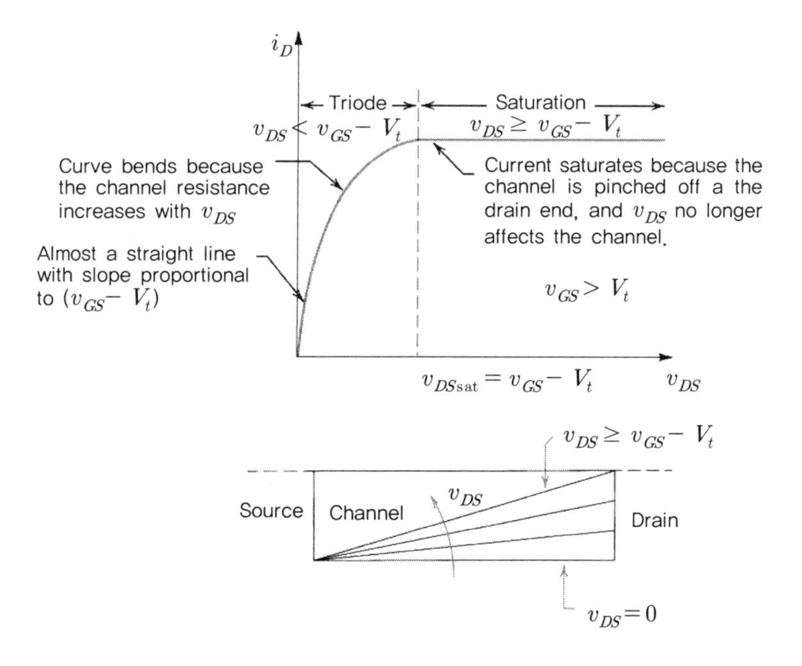

그림 4.19 포화영역

로 표시한다.

(3) MOSFET의 종류

MOS 트랜지스터에는 동작 모드로서 네 종류가 있다. 그 하나는 게이트 전압을 가하여 n-채널이 형성되는 nMOS 트랜지스터로 enhancement(E)형 또는 normally-off 형이라 부른다. 이것에 대하여 게이트 전압이 zero라도 처음부터 drain 전류가 흐르는 nMOS를 depletion(D)형 또는 normally-on형이라고 한다. 전도형이 다른 또 하나의 p-채널 트랜지스터에도 E형과 D형이 있다. MOS 트랜지스터의 회로 구성으로서는 E형과 D형 MOS, 또는 n-채널과 p-채널 MOS를 조합하는 것에 의해 용도에 대응하여 회로 특성을 향상시킬 수가 있다.

예를 들면 ED-MOS 회로는 집적도가 높고 고속으로 동작하기 때문에 마이크로프로세서(micro-processor) 등의 고성능 회로에 쓰인다. 또한, nMOS와 pMOS로 상보적인 회로 구성으로 이루어진 C-MOS 회로는 소비 전력이 대단히 작고 잡음에 대하여 강하므로 휴대용 IC, 대용량 메모리나 system LSI 등에 쓰인다. 최근에 제작되는 대규모의 실리콘 집적 소자는 대부분이 CMOS 소자라고 생각해도 된다.

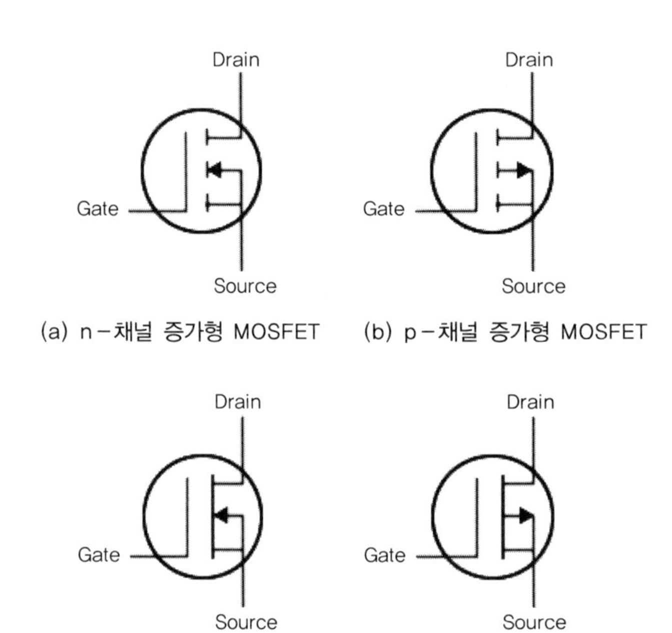

그림 4.20 MOSFET의 종류별 모식도

4.4 커패시터

커패시터는 전기를 띤 어떤 입자(전하, charge)를 저장하는 기능이 있는데, 이런 성질이 급격한 전압 상승이나 하락을 억제한다.

즉 외부 전압이 자신의 전압보다 높게 올라가면, 자기 자신이 전하를 축적하여 자신의 양극 간의 전압도 더불어 올라가 회로 전반적으로 전압의 상승속도를 늦추는 역할을 한다. 반대로 외부 전압이 자신의 전압보다 내려갈 때는 자신이 축적하고 있던 전하를 방출하여 자신의 양극 간의 전압도 낮추면서 회로 전반적으로 전압의 하강속도를 낮추는 성질이 있다. 일종의 전하의 저수지라고 생각하면 된다. 홍수 때는 저수지에 물을 가둬 두어 하류의 범람을 막고, 가뭄 때는 자신이 저수하고 있는 물을 방출해 하류의 가뭄을 막는다. 이때 저수지에서 저수한 물 입자는 전하에 해당하고, 물의 높이, 즉 수압차는 전압에 해당한다. 하류의 물의 흐름은 전류에 해당한다.

커패시터는 전원부에서 전압을 안정하게 하는 역할을 하지만, 반대로 반도체 내부에서 동작 속도를 느리게 하는 부작용도 있다. 근래에는 이런 저항과 커패시터도 아주 작은 값이나 정교한 값을 만들기 위하여 반도체를 이용하기도 한다. 커패시터의 기호는 그림 4.22와 같다.

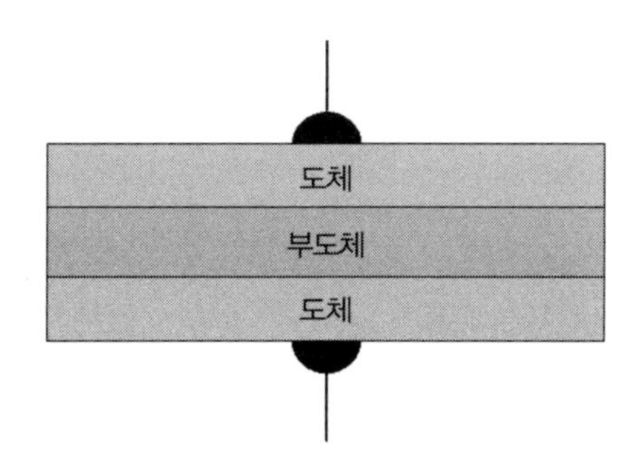

그림 4.21 커패시터의 구조

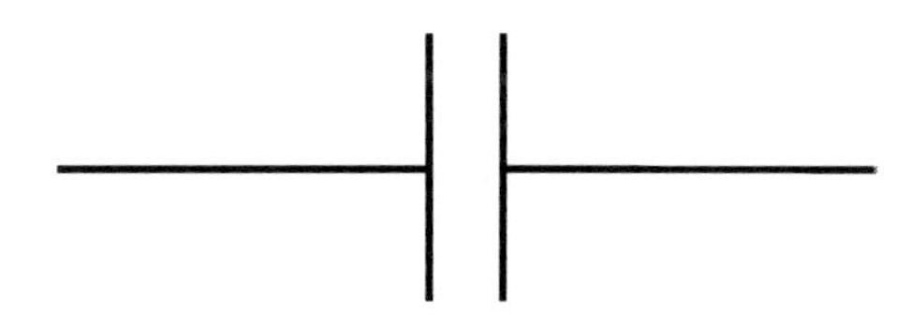

그림 4.22 커패시터의 기호

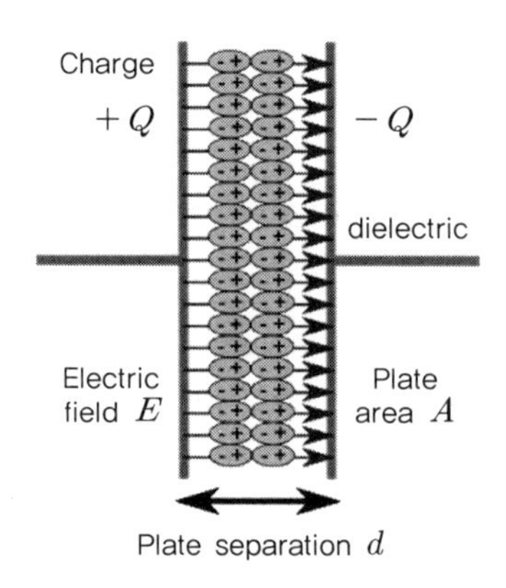

그림 4.23 커패시터의 원리

커패시터가 전기를 저장하는 원리는 쿨롱의 법칙이다. +와 −전하는 항상 서로를 당기기 때문에 그림 4.23과 같은 구성을 하면 전기를 모을 수 있다. 즉, 왼쪽 금속에 +를, 오른쪽 금속에 −를 강제로 놓으면 서로 당기기 때문에 전기가 모여 있을 수 있다. 정확하게는 전기장의 형태로 커패시터 내부에 모여 있게 된다.

커패시터의 특성을 보여주는 공식은 다음과 같다.

$$Q = CV$$

$$I = C\frac{dV}{dT}$$

여기서 Q는 전하, C는 정전용량, V는 전압

4.5 발광다이오드

발광다이오드는 순방향으로 전압을 가했을 때 발광하는 반도체 소자이다. LED (Light Emitting Diode)라고도 불린다. 발광 원리는 전계발광 효과를 이용하고 있다. 또한 수명도 백열등보다 매우 길다. 반도체는 크게 단원소 반도체, 화합물 반도체, 그리고 유기물 반도체로 분류되는데, 발광다이오드는 이 중 화합물 반도체에 속한다.

화합물 반도체란 실리콘, 게르마늄 등 하나의 원소로 이루어진 단원소 반도체와 달리, 2종 이상의 원소로 이루어진 반도체이다. 주로 갈륨비소(GaAs), 갈륨인(GaP), 갈륨

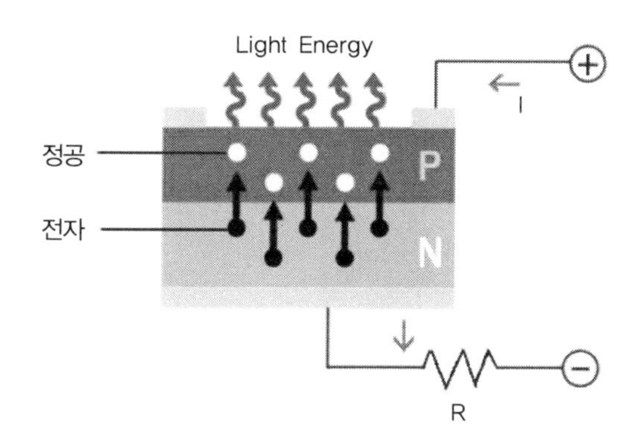

그림 4.24 발광다이오드의 구조

비소인(GaAsP), 갈륨질소(GaN) 등으로 만들어지며, 어떤 화합물을 쓰느냐에 따라 빛의 색이 달라진다.

발광다이오드의 원리는 기본적으로 양(+)의 전기적 성질을 가진 p형 반도체와 음(−)의 전기적 성질을 지닌 n형 반도체의 이종접합 구조를 가진다. 전자가 많아 음의 성격을 띤 n형 반도체와 전자의 반대 개념인 정공이 많아 양의 성격을 띤 p형 반도체가 얇은 층으로 붙어 있다.

순방향으로 전압을 가하면, 수 볼트의 전압으로 전류가 흘러 발광한다. 즉, n층의 전자가 p층으로 이동해 정공과 결합하면서 에너지를 발산하는 것인데, 이때 에너지는 주로 열이나 빛의 형태로 방출되며, 빛의 형태로 발산하는 것이 바로 LED이다.

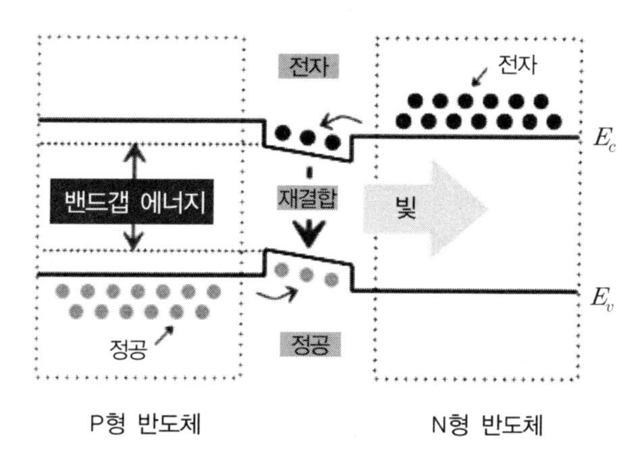

그림 4.25 발광다이오드의 원리

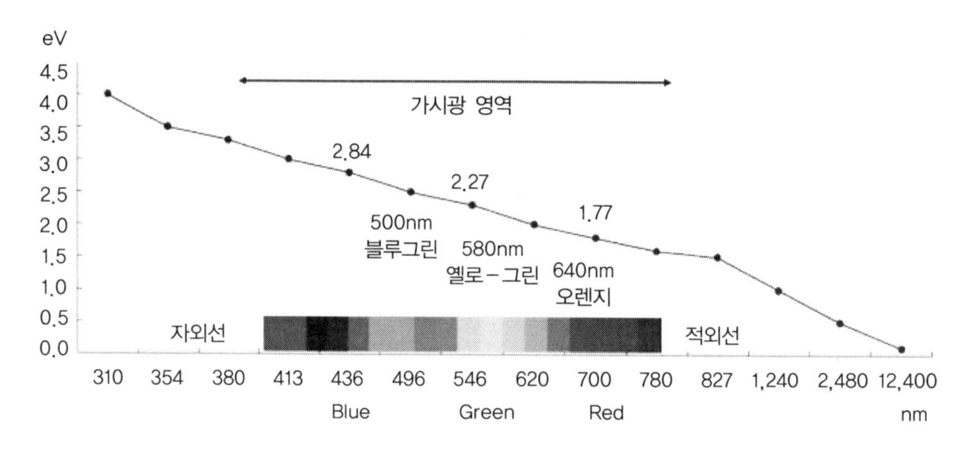

그림 4.26 에너지 준위에 따른 발광다이오드의 파장(앞부분 컬러 그림 참조)

n층의 전자와 p층의 정공이 결합하면서 전도대와 가전자대 사이의 에너지 준위(eV) 차이에 따라 에너지를 발산하는데, 이 에너지 준위 차이인 밴드갭 에너지(Eg)에 따라 빛의 색상이 정해진다. 즉, 에너지의 차이가 크면 단파장인 보라색 계통의 빛을 나타내고, 에너지 차이가 작으면 장파장인 붉은색 계통의 빛이 나온다.

또한, 앞에서 어떤 화합물을 쓰느냐에 따라 발광다이오드의 색이 달라진다고 했는데, 이는 화합물의 재료에 따라 에너지 준위(eV) 차이가 달라지기 때문이다.

발광다이오드는 방출하는 빛의 종류에 따라 가시광선, 적외선, 자외선으로 구분되는데, 가시광선 LED는 전체 LED 시장의 가장 큰 비중을 차지하고 있으며, 적색, 녹색, 청색, 백색 등이 있다. 적외선 발광다이오드는 우리가 자주 사용하는 리모컨이나 적외선 통신, CCTV, 적외선 카메라 등에 사용되고 있으며, 자외선 발광다이오드는 살균, 피부 치료 등 생물보건 분야와 검사 목적 등으로 사용되고 있다.

4.6 레이저

4.6.1 레이저의 성질과 발전

최근에 이르러 우리는 레이저란 단어를 매스컴을 통해서나 주위로부터 자주 듣게 된다. 이것은 레이저의 응용 범위가 넓어지면서 우리의 일상생활과 점점 밀접한 관계

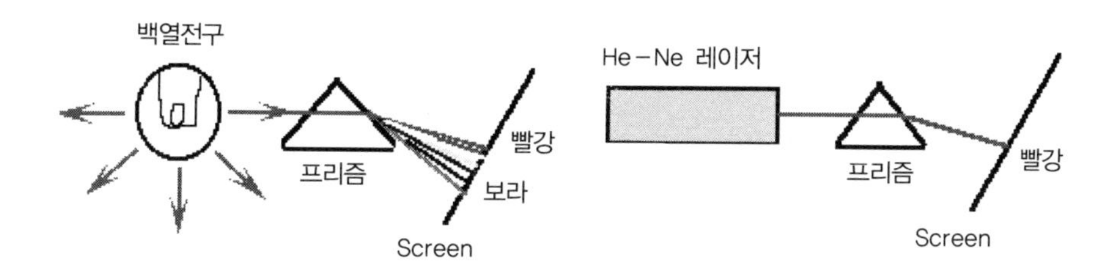

그림 4.27 레이저광의 단색성

를 갖게 되었기 때문이다. 레이저 프린터, 레이저 수술, 레이저 조명, 레이저에 의한 용접 등 레이저란 말이 상당히 익숙해져 있으나 최신 첨단 기술의 하나로서 신비롭게 생각하고 있을 것이다. 그러면 레이저란 무엇인가?

레이저(laser)란 "light amplification by stimulated emission of radiation"이란 영어의 각 단어 머리글자를 따서 조합한 합성어로서 우리말로 하면 "유도방출 과정에 의한 빛의 증폭"이란 뜻이 된다. 미국의 물리학자 시오도어 H. 메이먼이 1960년에 처음 레이저를 발명하여 보여주었다. 일반적으로 레이저라는 말은 레이저 빛을 발생하는 장치를 지칭하기도 한다. 레이저 빛(또는 레이저 광)은 유도방출로 증폭된 빛이기 때문에 백열전구나 형광등, 태양 등 기존의 광선에서 나오는 빛과는 다른 독특한 성질을 갖고 있다. 첫째는 단색성(monochromatic)으로서 레이저 빛은 한 가지 파장으로 된 빛이다.

백열전구에서 나오는 빛은 빨주노초파남보의 여러 가지 색깔의 빛이 섞여 있으나 레이저 빛에서는 한 가지 색깔만이 존재한다. 만약 두 가지를 프리즘으로 분산시켜 보면 그 차이를 알 수 있다.

둘째, 백열전구에서 나오는 빛은 전구에서 멀어지면 빛의 세기가 급격히 줄어들지만 레이저 빛은 거리가 아무리 멀더라도 빛의 세기가 거의 줄어들지 않는다. 이를 레이저 빛은 지향성(directional)이 있다고 말한다. 일상생활에서 빛의 지향성을 갖도록 한 장치를 포물경으로 빛을 평형하게 반사시키는 플래시가 있는데 어느 정도의 지향성을 가지지만 레이저에 비해서는 떨어진다. 우리가 만약 야간 경기를 벌이고 있는 야구장에서 조그만한 He-Ne 레이저(5 mW)를 달로 향하게 하고 달 표면에서 지구를 본다면 어떻게 될까? 수백 kW를 쓰고 있는 야구장은 보이지 않고 단지 세기가 백만분의 일 정도인 레이저 빛만 보이게 된다.

세 번째의 중요한 성질은 레이저광은 간섭성(coherent) 빛이라는 것이다. 이것 또한

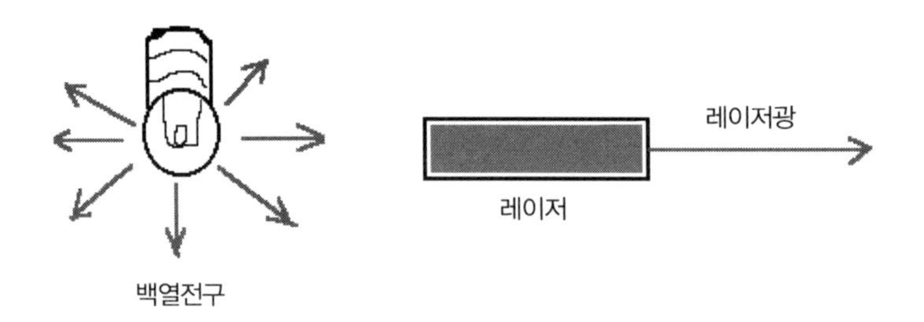

그림 4.28 레이저광의 지향성

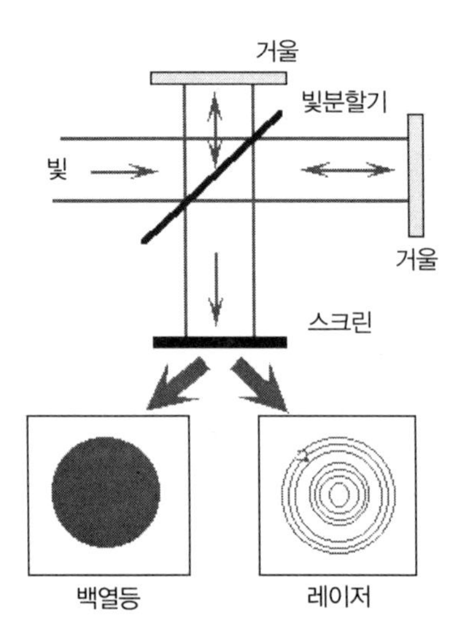

그림 4.29 레이저광의 간섭성

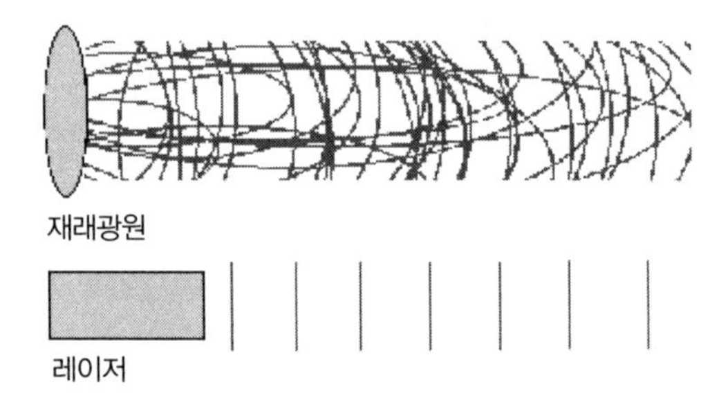

그림 4.30 재래광원과 레이저광의 차이점

백열등에서 볼 수 없는 성질로, 백열등에서 나오는 빛을 선속 분할기로 나눈 다음 중첩시키면, 스크린 상에 간섭무늬가 생기지 않으나 레이저 광에서는 밝고 어두운 띠 모양의 간섭무늬를 볼 수 있다. 이것은 백열등의 빛이 무질서한 반면 레이저 빛은 질서

정연하기 때문에 가능한 것이다. 이런 세 가지 성질로 백열등에서 나오는 빛은 캠퍼스에서 학생들이 이리저리 움직이는 양상에 비유되는 데 반하여, 레이저 빛은 ROTC 학생들이 행진하는 것에 비유된다. 다시 말하면 백열등에서 나오는 빛은 원자가 제각기 독자적으로 빛을 발생하는 경우이고 레이저 빛은 이웃한 원자들이 서로 긴밀한 관계를 가지고 있어서 전체 원자가 일사분란하게 빛을 내놓는 것이라고 말할 수 있다.

4.6.2 레이저의 구성

(1) 레이저를 이루는 세 가지 구성요소

레이저는 한 쌍의 거울이다. 두 거울이 정면으로 마주 보고 있으면 그중 하나는 100 %에 가까운 반사율을 가진 거울로서 입사하는 광을 전부 반사시키는 전반사경이고, 다른 하나는 입사광 중 일부는 통과시키고 나머지는 반사시키는 거울로서 부분 반사경이라 불린다. 이 두 거울을 공진기(resonator)라 한다. 둘째, 마주한 두 거울 사이에 특별한 원자(또는 분자)로 채워진 물체가 있다. 이것은 두 거울 사이를 왕복하는 빛이 유도 과정으로 증폭되어 센 빛이 되도록 하는 광 증폭기(optical amplifier)이고, 셋째로, 증폭기가 광의 증폭이 가능하도록 외부에서 에너지를 가하는 장치인 펌프(pump)가 있다. 이 세 가지는 특별한 경우를 제외하고는 거의 대부분 레이저에 있어서 공통적인 요소이다.

(2) 증폭의 상태에 따른 레이저의 종류

레이저의 종류는 증폭기의 상태에 따라 기체레이저, 액체레이저, 고체레이저, 반도체레이저의 네 가지로 분류하는데, 기체레이저에 속하는 것으로는 He−Ne 레이저, CO_2 레이저, Ar 레이저 등이 있고, 액체레이저로는 염료(dye)를 알코올, 에틸렌글리콜 등과 같은 용매에 녹여서 증폭기로 쓰는 색소 레이저(dye laser)가 있으며, 루비(ruby) 레이저, Nd:YAG 레이저 등은 대표적인 고체레이저이다. 반도체레이저는 요즘 응용도가 많은 GaAlAs 등이 있다. 레이저광의 파장 범위는 100 nm(1 nm $= 10^{-9}$ m)의 자외선에서부터 가시광, 적외선을 거쳐 마이크로파에 해당하는 100 m에 이르기까지 광범위하게 분포되어 있으며, 레이저 발진이 가능한 매질 또한 무수히 많다. 레이저는 발진 방식에 따라 연속(CW)동작 방식과 펄스(pulse)동작 방식이 있으며 연속 발진은 레이저 빛이 일정한 세기로 나오는 것을 말하고, 펄스동작 방식은 순간적으로만 레이저 빛이 발생하는 것을 말하는데, Q−switching이나 mode−locking 등과 같은 1 ns 이하의 매우 짧은 펄스를 만드는 기술도 개발되었다. 레이저 장치에서 나오는 레이저 빛의 세기는 1 mW 정도의 약한 출력에서부터 10 kW 이상의 센 빛을 내는 산업용 대형 레이저도 있다. 특히 레이저에 의한 핵융합 연구에 쓰이는 대형 레이저는 10^{12} W의 순간 출력을 낸다.

레이저의 역사를 간단히 살펴보자. 레이저의 동작 원리는 1917년 아인슈타인이 빛과 물질의 상호작용에 있어서 유도방출 과정이 있음을 이론적으로 보인 것이 시초이다. 그러나 그 후 20여 년이 지난 1950년대 초반 미국 대학의 타운스(C. Townes)가 암모니아에서 마이크로파의 유도방출이 실험적으로 가능함을 처음으로 보였다. 곧이어 가시광 영역에도 유도방출에 의한 빛의 증폭이 가능함이 타운스와 숄로(A. Schawlow)의 연구에서 밝혀졌고, 실제로 1960년 휴스(Hughes) 연구소의 메이먼(Theodore H. Maiman)에 의해 가시광 영역인 694.3 nm의 붉은색인 루비 레이저광이 최초로 발진되었다. 그는 보석의 하나인 루비(ruby)를 나선형 플래시램프 가운데 삽입하고 그 플래시램프를 터뜨려 센 빛을 루비에 입사시킴으로써 레이저의 발진에 성공한 것이다. 그는 이 성공으로 1964년 노벨 물리학상을 수상하였다. 루비 레이저의 발진 직후 레이저의 연구는 가히 폭발적이라 할 만큼 활발하여 1960년대에는 현재 중요하게 응용되는 대부분의 레이저가 개발되기에 이르렀다. 70년대와 80년대에는 레이저 자체의 연구 외에도 레이저의 응용연구가 많은 비중을 차지하여 오늘날 다양한 방면에서 레이저가 필수적인 장치로 각광을 받게 되었다.

4.6.3. 레이저의 원리

(1) 유도방출이라는 새로운 형태의 상호작용

아인슈타인은 보어의 가설에서의 빛과 원자와의 상호작용 두 가지, 즉 유도흡수, 자발방출에 유도방출이라는 새로운 개념을 도입함으로서 레이저의 중요한 기초원리를 알아냈다.

(2) 자발방출(Spontaneous Emission)

자발방출은 보어의 가설에서 처음 제안되었던 것으로 원자가 높은 에너지 상태에 있다가 낮은 에너지 상태로 내려가면서 그 차이에 해당하는 빛을 스스로 방출하는 것을 말한다. 이 빛을 방출하는 가능성은 확률적으로 마구잡이(random)로 일어난다.

높은 에너지 상태에 있는 원자가 외부의 아무런 부추김없이 스스로 빛을 방출하면서 낮은 에너지 상태로 떨어진다.

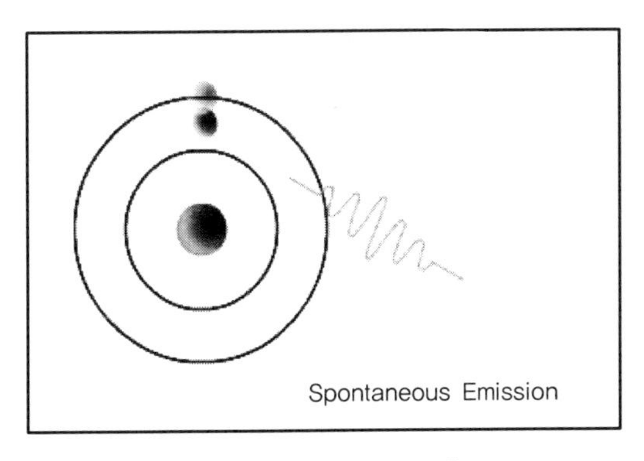

그림 4.31 자발방출

(3) 유도방출(Stimulated Emission)

유도방출은 원자가 높은 에너지 상태(들뜬상태: 여기상태)에 있다가 외부의 빛에 자극을 받아서 빛을 방출하는 것을 말한다. 이때 자극을 시킬 수 있는 빛은 방출될 빛과

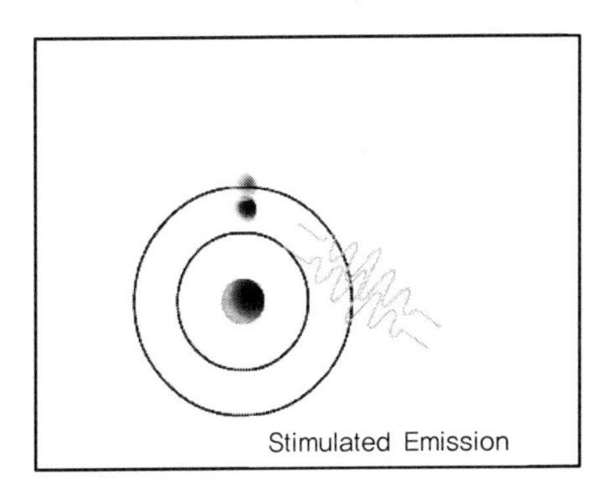

그림 4.32 유도방출

파장이 같아야 한다. 이 경우 방출되는 빛은 자극시킨 빛과 결 맞아 있다. 이를 자극 방출이라고도 한다. 이 과정이 빛의 증폭을 가능하게 한다.

외부에서 들어오는 빛의 부추김에 의해서 높은 에너지의 원자가 낮은 에너지 상태로 변하면서 새로운 빛을 낸다. 이때 자극을 시키는 외부의 빛은 방출될 빛과 같은 파장이어야 하고, 방출되는 빛은 외부 빛과 결이 잘 맞아 있게 된다.

(4) 유도흡수(Stimulated Absorption)

유도흡수는 자발방출과 함께 보어의 가설에서 처음 제안되었던 것으로 낮은 에너지 상태의 원자가 빛을 흡수하여 높은 에너지 상태로 전이하는 것을 말한다. 이 경우 그 에너지 차이와 꼭 같은 빛이 입사하여야 한다.

외부에서 들어오는 빛에 의해 낮은 에너지 상태의 원자가 그보다 높은 에너지 상태로 전이한다.

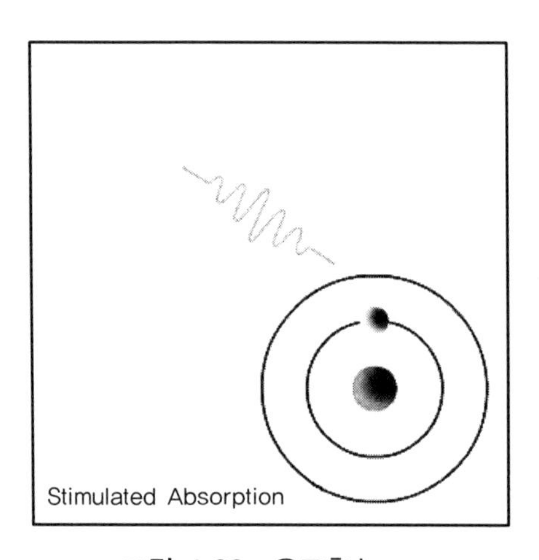

그림 4.33 유도흡수

4.7 태양전지

태양광 발전은 화석연료의 고갈에 대비한 대체 에너지원으로서, 태양의 빛 에너지를 직접 전기에너지로 바꾸어주는 발전 방식이다. 그리고 지구 환경 문제를 해결할 수 있는 에너지원으로 기대를 모으고 있다.

4.7.1 태양광 스펙트럼

태양에너지는 우주 공간으로 3.09×10^{26} J의 에너지를 방출한다. 지표상에 도달하는 태양에너지는 1395 J/m^{2}이다. 지구의 대기권에 도달했을 때 이동경로에 따라 방출 스펙트럼이 달라진다. 이동 경로는 천정에서 기울어진 각도에 따라 정의하는데 이것을 Air Mass(AM)라고 부른다. 그림 4.34에서 보는 것처럼 각도가 커질수록 AM 값은 커진다. 또한 AM에 따른 태양광 스펙트럼은 그림 4.35처럼 달라진다. 일반적인 태양전지의 효율 측정은 AM 1.5로 이루어진다.

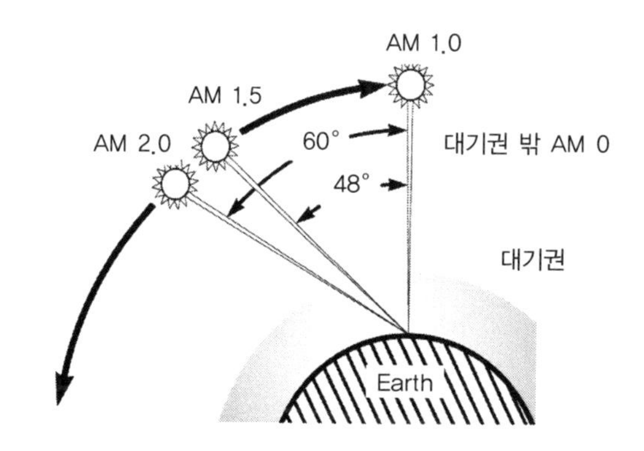

그림 4.34 태양광 에너지의 각도에 따른 Air Mass(AM) 조건

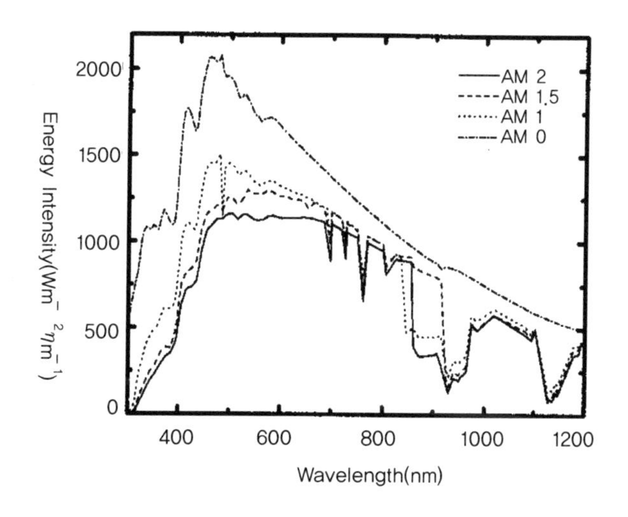

그림 4.35 AM 조건에 따른 태양광 스펙트럼

4.7.2 태양전지 원리

태양전지는 여러 가지의 소자 구조들을 사용할 수 있다. 일반적으로 가장 기초적인 방법은 p−n 접합 다이오드를 사용하는 것이다. 정공이 캐리어인 p형 반도체와 전자가 캐리어인 n형 반도체를 접합시킨 구조이다. 각 반도체의 전하 농도 차에 의한 확산이 기전력을 일으키는 원리이다. 그림 4.36에서 보인 저항성 부하를 갖는 p−n 접합을 생각하자. 접합에 전압을 가하지 않더라도 접합면 근처에 내부 전기장이 형성되어 더 이상 확산이 일어나지 않는 영역이 생기는데 이 영역을 공핍층(Depletion layer)이라고 부른다. 반도체 밴드갭 에너지보다 큰 에너지를 가지는 빛이 입사되면 공핍층에서 전자−정공 쌍을 생성하고 내부 전기장에 의해 정공은 p형 반도체 쪽으로, 전자는 n형 반도체 쪽으로 이동함으로써 광전류 I_L이 그림 4.36처럼 흐르게 된다.

광전류 I_L은 접합 양단에 전압 강하를 일으키고 순방향 바이어스를 만들게 되며, 순방향 바이어스 전류 I_F를 발생시킨다. 이때의 알짜 전류는 다음과 같다.

$$I = I_L - I_F = I_L - I_S\left[\exp\left(\frac{eV}{nkT}\right) - 1\right] \qquad (4.1)$$

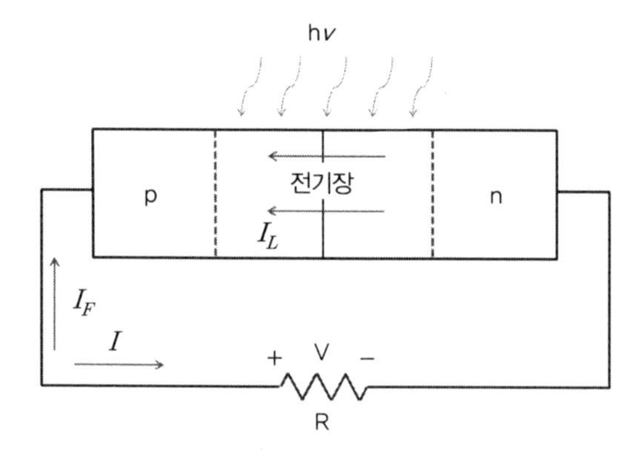

그림 4.36 저항성 부하가 연결된 p−n 접합 태양전지

4.7.3 태양전지의 전류－전압 특성

(1) 단락전류

단락전류(short circuit current)는 태양전지 양단의 전압이 영일 때($R=0$, $V=0$) 흐르는 전류를 의미한다. 이상적인 태양전지의 경우 단락전류는 다음과 같다.

$$I=I_{sc}=I_L \tag{4.2}$$

단락전류는 태양전지로부터 끌어낼 수 있는 최대 전류이다. 그림 4.37은 전류－전압 곡선상에서의 단락전류이다.

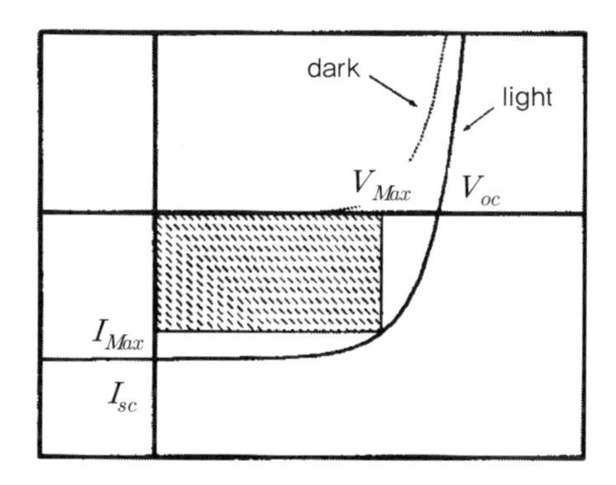

그림 4.37 태양전지 전류－전압 곡선

(2) 개방전압

개방전압(open circuit voltage)은 전류가 영일 때($R\to\infty$, $I=0$) 태양전지 양단에 나타나는 전압으로, 주어진 광 입력에 대해서 태양전지에 의해 발생되는 최대 전압이다. 광전류는 순방향 바이어스 전류에 의하여 균형이 잡히게 되어 다음이 성립된다.

$$I=0=I_L-I_S\left[\exp\left(\frac{eV_{oc}}{nkT}\right)-1\right] \tag{4.3}$$

개방전압을 다음과 같이 구할 수 있다.

$$V_{oc}=V_t\ln\left(1+\frac{I_L}{I_S}\right) \tag{4.4}$$

(3) 곡선인자

부하에 공급되는 전력은 다음과 같다.

$$P = I \cdot V = I_L \cdot V - I_S\left[\exp\left(\frac{eV}{kT}\right) - 1\right] \cdot V \tag{4.5}$$

최적부하 조건에서

$$\frac{dP}{dV} = I_L - I_S\left[\exp\left(\frac{eV_m}{kT}\right) - 1\right] - I_S V_m\left(\frac{e}{kT}\right)\exp\left(\frac{eV_m}{kT}\right) = 0 \tag{4.6}$$

V_m은 최대 전력을 발생시키는 전압이다.

$$\exp\left(\frac{eV_m}{kT}\right)\left(1 + \frac{V_m}{V_t}\right) = 1 + \frac{I_L}{I_S} \tag{4.7}$$

그림 4.37에서 최대전력 직사각형을 보여준다. 이 직사각형의 면적을 곡선인자(Fill Factor; FF)라고 부른다. 개방전압과 단락전류의 곱에 대한 출력의 비로 정의되며, 태양전지로부터 얻을 수 있는 전력의 척도이다.

$$FF = \frac{I_m \cdot V_m}{I_{SC} \cdot V_{OC}} \tag{4.8}$$

이상적인 태양전지의 경우 FF는 1이며, 소자가 태양전지의 특성에 얼마나 접근하였는지를 판단하는 기준이 된다.

(4) 변환효율

태양전지의 변환효율은 입사광 전력에 대한 출력에 나타나는 최대전력에너지의 비로서 정의한다.

$$\eta = \frac{P_m}{P_{input}} = \frac{I_m V_m}{P_{input}} = \frac{V_{OC} \cdot I_{SC}}{P_{input}} \cdot FF \tag{4.9}$$

4.7.4 태양전지의 종류

(1) 결정질 실리콘 태양전지

결정질 실리콘 태양전지는 크게 단결정 재료를 사용한 소자와 다결정 재료를 사용한 소자로 나누어진다. 태양전지 제조에 가장 먼저 사용된 재료가 단결정 실리콘이다. Si가 아닌 다른 재료로 만들어진 태양전지에 비해 효율이 높기 때문에 시장 점유율이 가장 높고, 특히 대규모 발전시스템 분야에서 가장 많이 이용되고 있다. 집광장치를 사용하지 않을 경우 최고 효율은 약 24 % 정도이며 집광장치를 사용하면 28 % 이상의 효율을 내고 있다. 다결정 실리콘 태양전지는 단결정 실리콘 태양전지에 비해 저급의 재료를 사용함에 있어서 효율은 떨어지나 가격은 싸다. 모듈 제작 시에 약 18~20 % 정도의 효율을 보인다.

(2) 비정질 실리콘 태양전지

결정질 실리콘 태양전지는 원재료가 비싸고 공정이 복잡하여 가격의 절감 측면에서는 한계가 있다. 이런 문제점을 해결하기 위해 유리와 같이 값싼 기판 위에 박막 형태

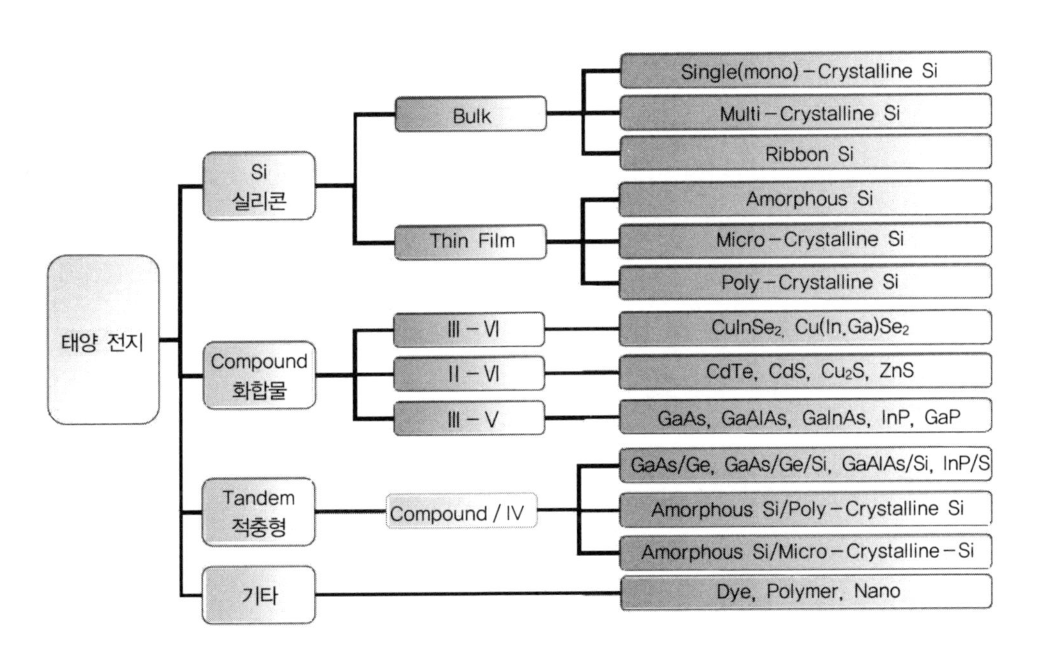

그림 4.38 태양전지의 분류

의 태양전지를 증착시키는 기술이 주목을 받고 있다. 박막 태양전지 중 가장 처음으로 개발된 것이 비정질실리콘(a－Si)으로 가장 상업적으로 성공하였다. 결정질 태양전지의 1/100에 해당하는 두께로 태양전지 제조가 가능하다. 하지만 결정질 실리콘 태양전지에 비해 효율이 낮고, 특히 초기 빛에 노출될 경우 효율이 급격히 떨어지는 단점이 있다. 최근 초기 열화현상을 최소화할 수 있는 다중접합 구조의 비정질실리콘 태양전지가 개발되어 10 % 이상의 효율을 보이고 있다.

(3) $CuInGaSe_2$ 태양전지

박막 $CuINgGaSe_2$ 태양전지는 p－n 이종접합 구조를 기본으로 하며 약 1 eV의 밴드갭을 가지고 있고 보통 0.5 V 이하의 개방전압(ope－circuit voltage, V_{OC})을 나타낸다. 몰리브덴(Mo)으로 코팅된 유리기판 위에 p형 반도체인 CIGS층을 증착하고 그 위에 n형 반도체 CdS를 주로 화학적 용액성장법(chemical bath deposition, CBD 또는 “Dip－Coating”)으로 입히고 투명전극층인 ZnO를 스퍼터링 방법으로 증착한 후 금속전극을 입힌다. 모듈(module)에서 11 %의 효율이 기록된 바 있으며 실험실에서는 17 %를 상회하는 효율이 기록되고 있다. CIS층은 진공증착 또는 금속막을 증착한 후 selenization 공정을 거치는 2단계 방법으로 만들어진다.

(4) GaAs 태양전지

GaAs 태양전지는 결정질 실리콘 태양전지보다 더 높은 효율을 나타내지만 가격이 매우 비싸다는 단점이 있다. 따라서 지상 발전용으로는 사용하지 못하고 인공위성 등의 전원공급용으로 사용되고 있다. GaAs의 밴드갭은 1.45 eV로 광흡수도가 높으며 In, Al 등을 쉽게 도핑하여 밴드갭을 조절할 수 있다는 장점을 가지고 있다. 단일 접합으로는 28.7 %, 다중 접합 전지로는 34.2 %의 효율을 보이고 있다.

(5) 염료감응형 태양전지

값싼 유기염료와 나노 기술을 이용하여 저렴하면서도 높은 에너지 효율을 갖도록 개발된 태양전지로 가시광선을 투과시킬 수 있어 건물의 유리창이나 자동차 유리에 그대로 붙여 사용할 수 있다. 제조단가가 기존 실리콘 태양전지에 비해 현저히 낮아

가격 경쟁력이 우수하나 아직 소면적에서 최대 변환효율이 11 % 내외이다.

(6) 유기분자형 태양전지

가벼운 플라스틱 태양전지로서의 가능성을 지니고 있다. 유기물 태양전지는 저렴하며 자유자재로 휠 수 있는 기판 위에 유기물질을 분사하여 만들어지므로 다양한 모양으로 대량생산이 가능하다. 효율성이 높아진다면 미래에는 더 많은 종류의 전자기기에 적용할 수 있을 것으로 예상되고 효율도 10 %대까지 개발될 것으로 예상하고 있다.

(7) 유무기하이브리드 태양전지

최근에 무기질 재료와 유기질 재료를 적절히 조합하여 태양전지를 제작함으로써, 무기 및 유기 태양전지의 장점을 이용하여 태양전지를 제작하고자 하는 연구가 이루어지고 있으며 실리콘 웨이퍼 위에 유기 물질을 조합하는 구조가 많이 시도되고 있다. 염료감응형 태양전지도 넓은 의미의 유무기 태양전지로 분류할 수 있다.

4.7.5 태양전지 제조 공정

(1) Texturing

기판 구조가 단결정, 다결정에 따라 Chemical의 구성, 농도, 온도, 식각(etching) 시

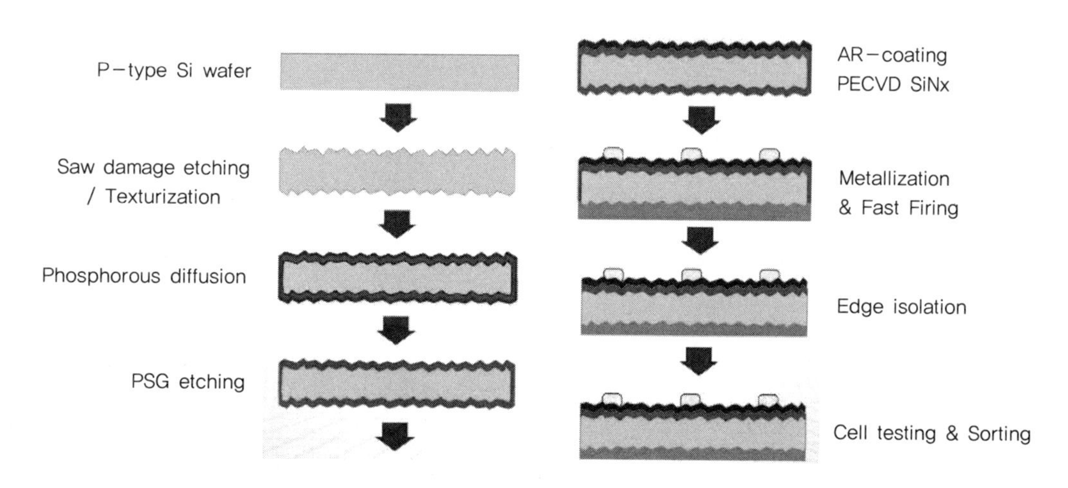

그림 4.39 태양전지 제작 순서

간 등을 제어하여 전면에서의 반사율을 감소시키고, 태양전지 내에서 빛의 통과 길이를 길게 하며, 후면으로부터의 내부반사를 이용하여 흡수된 빛의 양을 최대화할 수 있도록 하는 공정이다. 단결정 실리콘 태양전지에는 NaOH 또는 KOH에 IPA (isopropyl alcohol)를 첨가한 알칼리 용액을 사용한다. (100)과 (111) 방향에 따른 식각 속도가 다르고, 그 결과 (100) 방향에 불규칙한 피라미드를 형성한다. 이를 비등방성 texturing이라 한다. Texturing 후에 400~1100 nm 파장 영역에서 실리콘 표면의 평균 반사율은 약 36 % 정도에서 12 %로까지 감소한다. 다결정 실리콘 태양전지에는 HF와 HNO_3에 H_2O나 다른 첨가물을 추가한 용액을 사용한다. Grain이 다양한 다결정 기판에는 비등방성 texturing이 잘 일어나지 않기 때문이다. Grain에 상관없이 모든 면이 균일하게 texturing되어야 한다. 이를 등방성 texturing이라 한다. 비등방성 texturing에 비해 단락전류가 약 1 mA/cm^2 증가하고, 1~10 μm의 etch pit이 균일하게 분포되어 있어 grain들의 사이에 단차가 없으며, 표면이 전체적으로 균일한 반사율을 가진다.

(2) 이미터 형성

이미터 형성은 실리콘 기판 상에 불순물 원자를 도입하여 p−n 접합을 형성하는 확산공정을 통하여 이루어진다. 확산공정은 입자의 농도차에 의해 그 입자의 농도가 높은 쪽에서 농도가 낮은 쪽으로 퍼지는 현상을 이용한다. 기판 표면에 불순물을 주입시키는 선확산 공정과 표면에 주입된 불순물을 벌크 쪽으로 더 깊숙이 확산시키기 위하여 수행되는 후확산 공정으로 나눈다.

(3) PSG(Phosphosilicate glass) 제거

확산 공정 중에 사용하는 $POCl_3$에 의해 웨이퍼 표면에는 PSG 산화막이 형성이 되고 이막은 필요 없는 막이므로 HF 용액에 침적하여 확산공정 후에 제거한다.

(4) 반사방지막 형성

상층에서 반사된 빛과 하층에서 반사된 빛이 상쇄간섭을 일으키도록 하여 표면에서의 반사율을 줄이기 위해 반사방지막(Anti−reflection coating)을 사용한다.

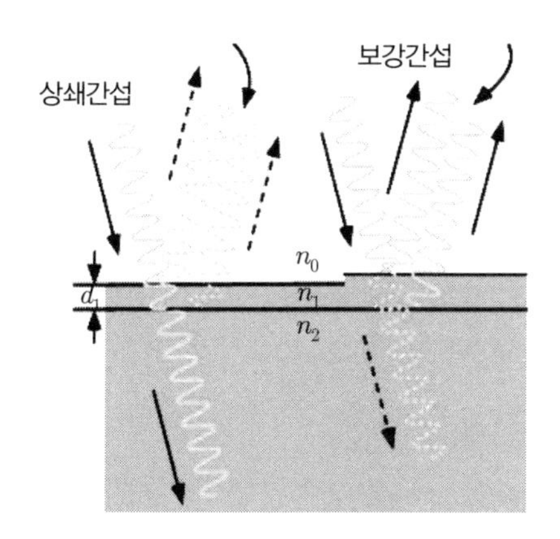

그림 4.40 반사방지막 모식도

(5) 전극 형성

일반적으로 가장 많이 사용하는 전극 형성 방법은 스크린 인쇄법(Screen printing)이다. 금속전극을 형성할 때 패턴을 형성한 screen mask 위에 은 페이스트(Ag paste)를 squeeze로 일정의 압력을 가하면서 이동시켜 screen의 개구부에 페이스트를 압출시켜 기판의 패턴 위에 인쇄하는 방법이다. 스크린 인쇄법의 장점으로는 대기 중에서 대면적으로 대량생산이 가능하고, 대형화나 자동화에 용이하며, 전극 형성이 간단하고 연속적이면서 쉽게 공정에 적용이 가능하다. 은 페이스트를 이용한 스크린 인쇄법으로 전극을 만들 때 가장 중요한 공정은 열처리이다. 열처리 시간과 온도에 따라 태양전지 특성이 결정된다. 열처리는 금속 페이스트가 sintering이 진행되어 기판과의 접착력을 향상시키고, 보다 높은 전도성을 이끌어낸다. 약 700~800 ℃의 고온에서 30초 이내의 짧은 시간에 열처리를 하게 되면 기판 표면으로 금속 페이스트가 확산하여 금속과 기판 사이의 저항을 낮추는 효과를 얻는다.

최근엔 전극에 의한 광흡수 면적의 손실을 줄이기 위해 함몰형 전극을 사용하는 방법을 사용한다. 레이저를 이용하여 홈을 만들고 그 안에 금속을 도금하는 방법으로 형성한다. 전극의 표면적을 줄이는 대신에 함몰을 만들어 접촉 저항을 줄이는 방법이다.

(6) Edge isolation

전면과 후면을 전기적으로 분리시키기 위해 전기적 전지 주변의 P 확산 영역을 제거하는 공정으로 plasma etching, laser grooving, wet etching이 있다. 이 중에도 laser

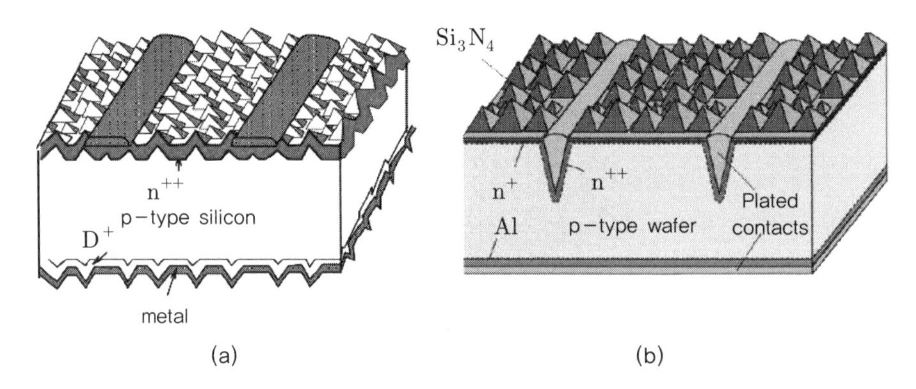

그림 4.41 (a) 실리콘 태양전지 구조와 (b) 함몰형 전극 구조

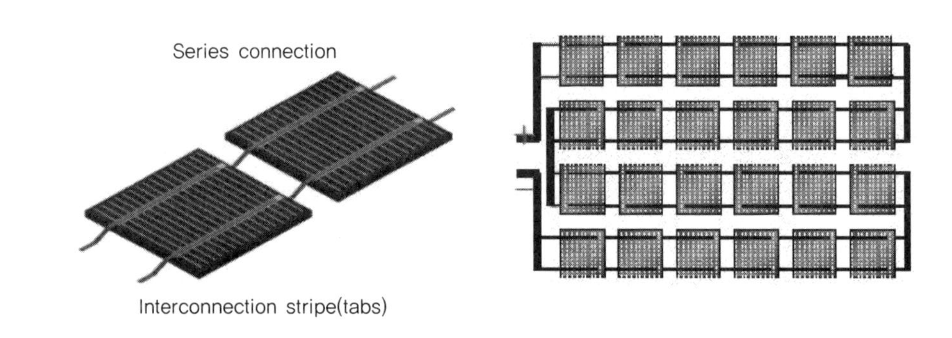

그림 4.42 태양전지 셀의 직렬연결

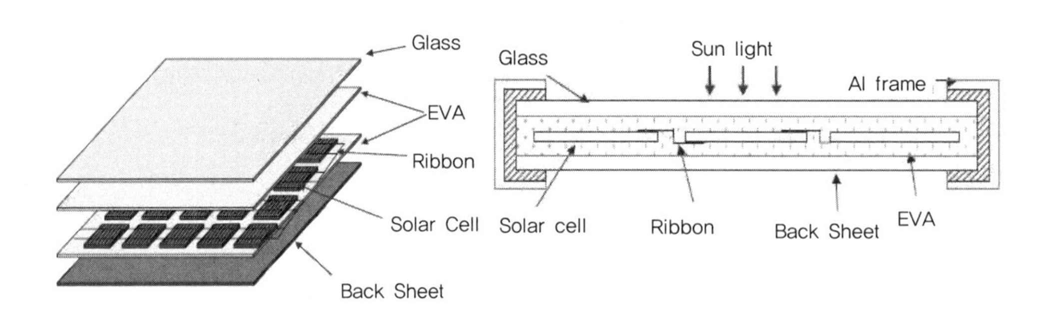

그림 4.43 태양전지 모듈의 일반적인 구성

grooving은 기판에 손상을 주지 않고, 후면의 p−n 접합을 제거하지 않으며 생산성이 높아 주목을 받고 있다.

(7) 셀 평가(Solar simulator)

제작된 셀의 평가는 solar simulator를 사용한다. 태양광하고 똑같은 파장 및 AM 1.5 조건의 출력(1 sun = 100 mW/cm^2)을 solar cell에 공급하는 장비이다. 250~2500 nm까지 넓은 파장 영역을 가지고 있는 Xenon 램프는 강한 빛의 세기 및 자연 태양광과 흡사한 특성을 가지고 있다. 빛이 조사된 셀은 I－V Analyser를 통해 전압 전류 측정, 그래프 및 효율 등을 계산한다.

4.7.6. 모듈

태양전지 하나의 셀은 출력전압이 보통 0.5~0.6 V이다. 전자제품들은 이보다 큰 전압에서 구동되기 때문에 여러 개의 셀을 직렬로 연결하여 사용해야 한다. 외부 환경으로부터 셀을 보호하고 여러 개의 셀을 묶은 단위를 모듈이라 한다. 셀의 직렬연결은 그림 4.42에서와 같이 리본(Ribbon) 모양의 금속으로 셀의 앞과 뒤를 연결한다. 빛의 투과율과 강도가 뛰어난 열강화 유리 위에 셀들을 놓고 직렬연결 한다. 내습성이 뛰어난 EVA(Ethylene Vinyl Acetate) 필름으로 라미네이션(Lamination) 한 후 Tedlar/PET/Tedlar(TPT) 타입의 back sheet로 덮은 후 알루미늄으로 만든 외부틀을 끼운다.

연습문제

1. 저항, 다이오드, 트랜지스터, 커패시터의 기호를 그리라.

2. 저항 띠의 색이 왼쪽부터 흑색, 초록색, 빨강색, 금색인 경우 저항 값을 구하라.

3. Si p–n 접합다이오드의 일반적인 전류–전압 특성곡선을 그려보라.

4. 트랜지스터의 부하선을 그리고 설명하라.

5. MOS 구조의 단면을 그리고 전압이 인가되었을 때 동작 특성을 설명하라.

6. 커패시터의 특성을 설명하라.

7. 발광다이오드의 파장이 500 nm, 580 nm, 640 nm일 때 발광하는 빛의 색을 말하라.

8. 레이저의 주요 특성 3가지를 말하라.

9. 태양광 에너지의 각도에 따른 Air Mass(AM) 조건을 설명하라.

10. 태양전지의 변환효율에 영향을 미치는 단락전류, 개방전압, 곡선인자에 대해서 조사하고 각각의 성능 개선을 위해서 필요한 방안을 적으라.

11. 태양전지 제조공정 순서도를 그리고 간단하게 설명하라.

05 CHAPTER

반도체 공정

반도체 소자의 제작은 일반적으로 웨이퍼(wafer)라고 불리는 얇은 원판 모양의 Si 단결정 기판을 목적한 바에 따라 가공 처리한 후, 웨이퍼로부터 개개의 다이(die)를 분리하여 조립, 검사하는 과정으로 이루어진다.

이 장에서는 Si 웨이퍼를 제조하는 기술과 가공 처리하는 기술, 그리고 웨이퍼로부터 분리된 다이를 조립, 검사하는 기술을 알아보기로 한다.

5.1 실리콘 웨이퍼

5.1.1 Si의 정제

실리콘은 지구상에 산소 다음으로 많이 존재하는 원소이며, 반도체 재료로 사용되는 Si은 천연적으로 산출되는 규석을 화학적 또는 물리적으로 고순도로 정제한 것이다. Si을 정제하는 기술로는 원료광을 일단 정제하기 쉬운 형태의 화합물로 바꾸어 열분해나 환원 등의 화학적 방법을 사용하는 경우와 대역정제와 같은 물리적인 방법을 사용하는 경우가 있다.

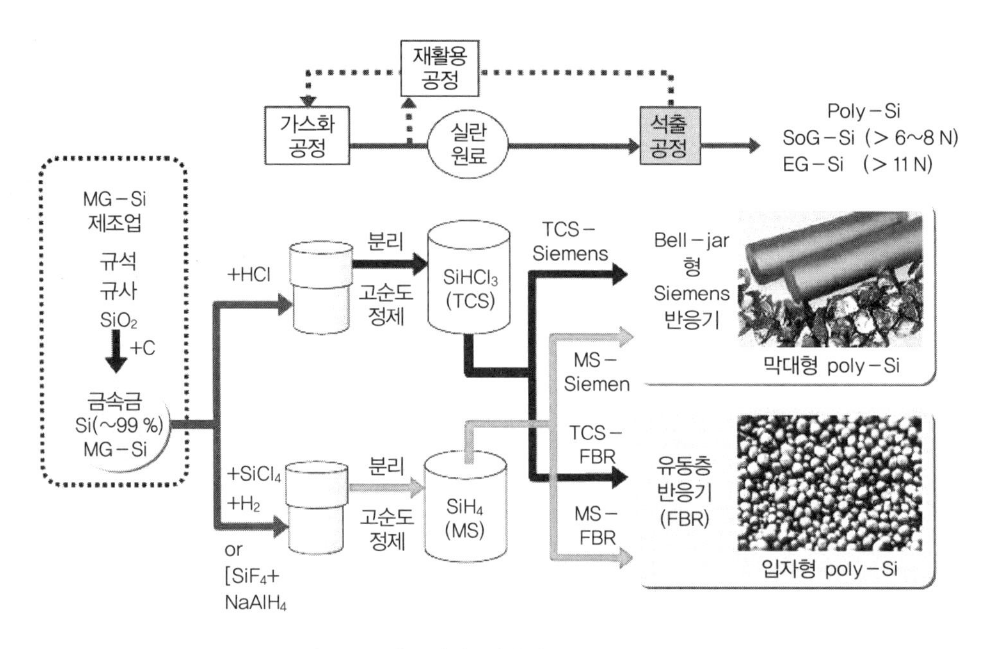

그림 5.1 반도체와 태양전지용 Si 제조 과정

그림 5.1은 Poly-Silicon이 원료(석영, SiO_2)에서부터 반도체용(EG-Si)과 태양전지용(SoG-Si) Poly-Si을 만드는 과정을 그림으로 표현한 것이다. 각 단계를 거쳐 보다 높은 순도의 Poly-Si을 얻게 된다. 그림에서 보듯이 Poly-Si을 얻는 방법은 지멘스 공법(Siemens)과 유동층반응기공법(FBR: Fluidized Bed Reactor), 두 가지의 원료(삼염화실란, TCS, Tri-Chloro Silane, $SiHCl_3$ and 모노실란, MS, Mono Silane, SiH_4)로 구분하여, 총 네 가지의 공법으로 나눌 수 있다.

먼저 불순물이 많이 함유된 원료인 석영을 탄소와 함께 전기로에 넣어 고온(1460 ℃)으로 가열한다. 반응식은 다음과 같다.

$$SiO_2 + 2C \rightarrow Si + 2CO$$

위와 같은 반응을 거쳐 약 98~99 %의 순도를 가지는 금속실리콘(MG-Si, Metallugical grade silicon)을 얻으며, 추가적으로 물리적/화학적 정제 과정을 거쳐 고순도의 금속실리콘을 얻게 된다. 그림 5.2는 금속실리콘을 얻는 과정을 그림으로 나타낸 것이다.

이렇게 얻어진 금속실리콘은 폴리실리콘 원료인 실란(silane)으로 만들기 위해, 분말 형태의 금속실리콘을 300 ℃에서 염산(HCl)과 반응시켜 삼염화실란($SiHCl_3$)을 만들며,

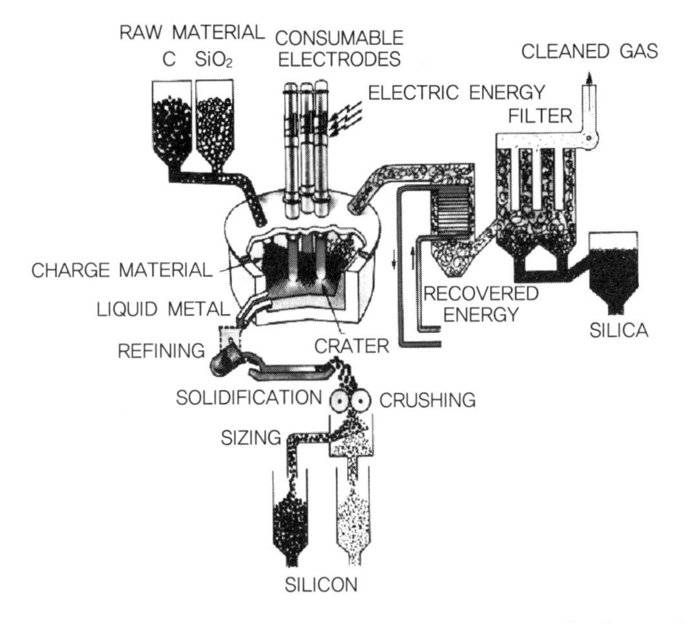

그림 5.2 금속실리콘(Metallurgical Grade-Silicon) 제조 공정

이때 발생하는 부산물인 $SiCl_4$를 이용하여 모노실란(SiH_4)를 만든다. 현장에서는 폭발의 위험성이 있는 모노실란보다는 안전한 삼염화실란이 더 많이 쓰이고 있다.

삼염화실란과 모노실란 반응식은 표 3.1로 정리하였다.

그림 5.3은 삼염화실란 합성 공정을 그림으로 표현한 것이다. 이 과정에서 Fe, Al, B와 같은 불순물은 할로겐화합물($FeCl_3$, $AlCl_3$, $SiHCl_3$)로 만들어진다.

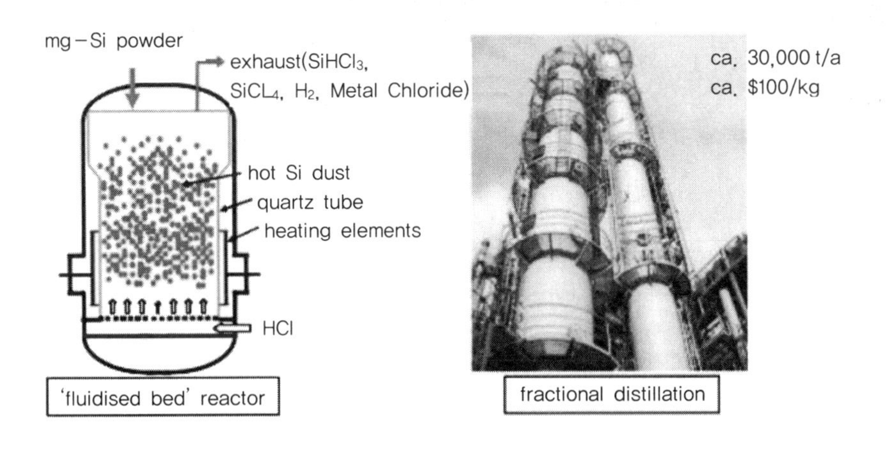

그림 5.3 삼염화실란($SiHCl_3$) 합성 공정

표 5.1 실란합성 및 폴리실리콘 합성 반응식

구분	실란 합성	폴리실리콘 합성
삼염화 실란($SiHCl_3$)	$Si+HCl \rightarrow SiHCl_3 + SiCl_4 + H_2$	$SiHCl_3+H_2 \rightarrow Si + SiHCl_3 + SiCl_4 + HCl + H_2$
모노실란(SiH_4)	$SiCl_4+Si+H_2 \rightarrow SiCl_3 + SiCl_4 + H_2$ ↓ $SiHCl_3 \rightarrow SiH_2Cl_2 + SiCl_4$ ↓ $SiH_2Cl_2 \rightarrow SiHCl_3 + SiH_3Cl$ ↓ $SiH_3Cl \rightarrow SiH_4 + SiH_2Cl_2$	$SiH_4 \rightarrow Si+H_2$

삼염화실란은 증발온도가 31.8 ℃로 매우 낮다. 이 점을 이용하여 불순물로부터 삼염화실란을 정제하기 위해 석유화학에서 쓰이는 분별증류법을 이용하며, 이 과정을 거친 삼염화실란은 불순물(Al, P, B, Fe, Cu, Au)의 농도가 1 ppba(1ppba = 1 atom/109 atoms)보다 작다. 마지막으로 삼염화실란을 1100 ℃에서 200~300시간 동안 수소와 반응시켜 고순도의 실리콘을 얻게 된다. 이 과정에는 지멘스공법과 유동층반응기공법이 포함된다.

모노실란은 앞서 언급했듯이 삼염화실란 제조 과정에서 발생하는 $SiCl_4$를 열분해하여 얻는 방법이다. 표 5.1에서 보듯이 4번의 열분해 과정을 거치게 된다.

5.1.2 지멘스공법(Siemens)

먼저 지멘스공법은 1950년대 지멘스에 의해 개발되어 지금까지 세계적으로 가장 많이(~90 %) 쓰이고 있는 공법으로서, 금속실리콘을 염소(HCl)와 반응시켜 기체 상태의 염화실란(Chloro−Siliane)으로 만들고 여러 번의 정제(증류) 과정을 거쳐 삼염화실란 기체로 만든다. 이후 수소와 함께 ∩ 모양의 고온 실리콘 막대(Rod)와 원료가스인 삼염화실란 또는 모노실란을 반응시켜 폴리실리콘을 얻는 공법이다. 원료로 삼염화실란을 사용했을 시, 실리콘 막대를 온도를 1100 ℃로 유지해야 하므로 전기 사용량이 많고, 설비 투자비가 높으며 반연속식 공법이라 생산속도가 느리다는 단점을 안고 있지만,

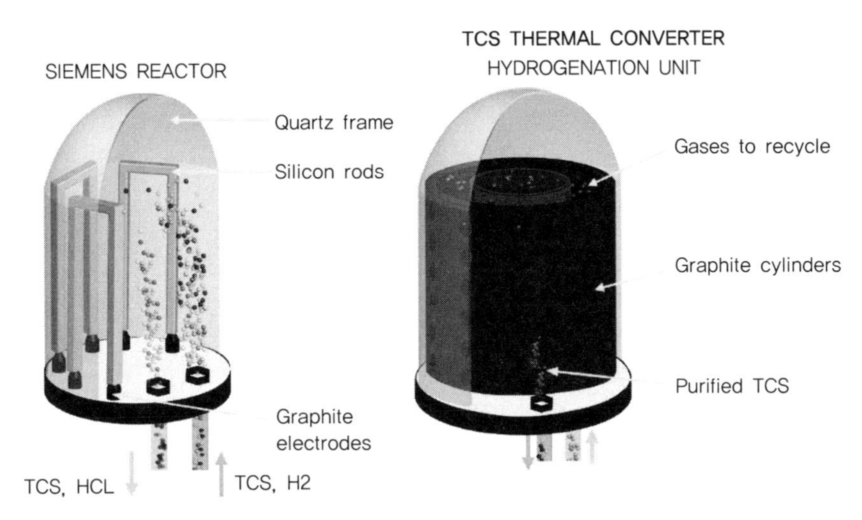

그림 5.4 TCS를 원료로 한 지멘스(Siemens)공법

부산물을 재사용할 수 있다는 장점을 가지고 있다. 원료를 모노실란으로 했을 때 상대적으로 낮은 증착온도(550~800 ℃)로 전력소모를 줄일 수 있지만, 폭발의 위험성과 제조 과정에서 실리콘 분말이 다량으로 발생하는 단점을 가지고 있다. 두 원료 중 안성성이 높은 삼염화실란이 더 많이 사용되고 있다.

여러 가지 장단점을 가지고 있는 지멘스공법은 높은 순도의 폴리실리콘을 얻는 데 유리하기 때문에 널리 사용되고 있다. 그림 5.4는 지멘스공법을 그림으로 표현한 예이다.

5.1.3 유동층반응기공법(FBR)

지멘스공법에 비해 상대적으로 적게 사용되고 있는 유동층반응기공법은 1970년대 미국의 Texas사에 의해 시작되었으며, 가스가 흐르는 도가니에 실리콘 Seed를 투입하고, 모노실란이나 삼염화실란을 주입하면 낙하하는 실리콘 seed 주변에 지름 1.0~1.5 cm가량의 동그란 실리콘이 석출되는 방식이다. 연속 공정이 가능하기 때문에 지멘스공법보다 약 100배 이상 실리콘 석출 속도가 빠르지만, 노출 면적이 크기 때문에 품질이 떨어지는 것이 단점이다. 품질이 떨어지는 단점을 가지고 있지만 대량생산에 적합하고 태양전지산업(상대적으로 반도체보다 낮은 순도의 Silicon)이 성장함에 따라 점점 더 많은 연구가 이루어지고 있다. 그림 5.5는 유동층반응기공법을 그림으로 표현한 것이다.

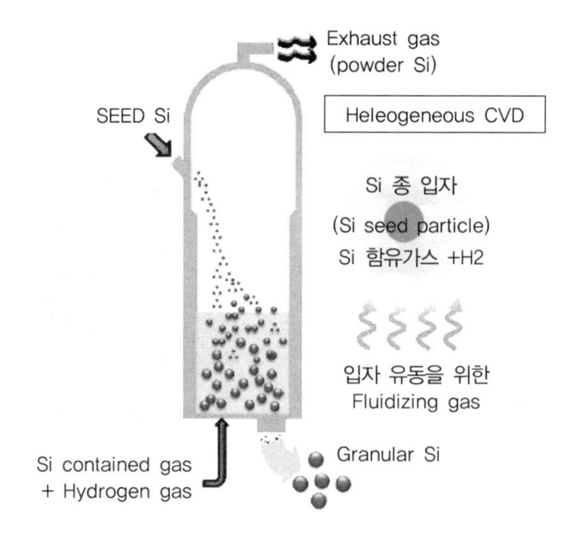

그림 5.5 유동층반응기(FBR(fluidized bed reactor)) process

이렇게 얻어진 폴리실리콘은 잉곳 제조의 원료로 쓰인다.

표 5.2는 지멘스공법과 유동층반응기공법을 비교 및 장단점을 표로 정리하였으며, 그림 5.6은 원료에 따른 폴리실리콘 석출 원리를 그림으로 표현한 것이다.

표 5.2 지멘스공법과 유동층반응기공법의 비교 및 장단점

구분	지멘스(Siemens)	유동층반응기(FBR)
석출반응기 형태	Bell−Jar형 석출반응기	유동층반응기
제조 원리	전기저항 가열된 Si봉 표면에 Si 석출	유동 중인 Seed 입자 표면에 Si 석출
제조 형태	깽 형태(덩어리 형태로 포장)	과립(입자) 형태
생산 방식	반연속식	연속적 생산 가능
장점	· 가장 많이 사용되어 기술적으로 안정화됨 · 높은 순도의 제품 생산	· 넓은 표면적 때문에 오염의 위험성 높음 · 입자형으로 광범위한 활용 범위 · 생산단가 낮음(10~50 kWH/Kg−Si)
단점	· Core Rod 예열 과정 및 고온 공정으로 인해 생산단가가 높음(60~120 kWH/Kg−Si) · 포장 시 추가 공정 필요 (파쇄 → 분리→ 에칭 → 세정 → 건조 → 포장) · 높은 시설투자비	· 제품의 표면적이 넓어 오염의 위험성이 높음 · 특허에 따른 활용범위 제한 · 입자 저장 상태에서 그대로 활용 · 운전 조건이 까다로워 상용화 어려움

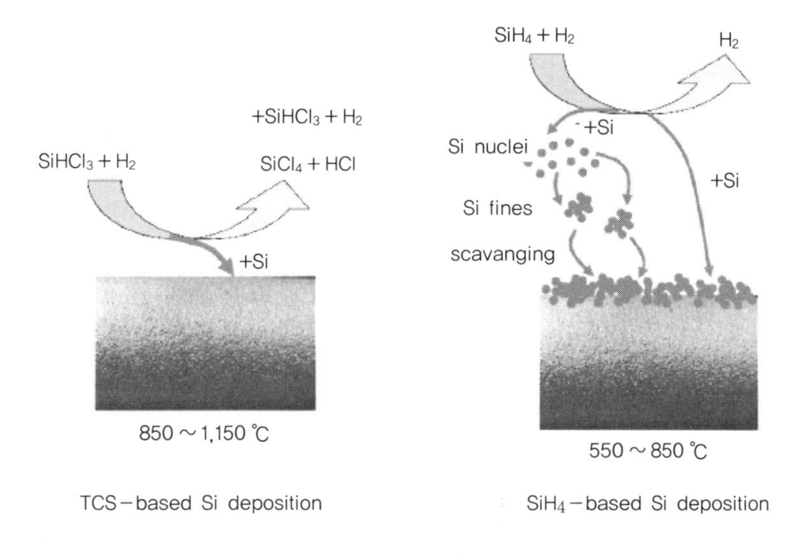

그림 5.6 원료실란과 Si 석출 원리(왼쪽: TCS, 오른쪽: SiH_4)

5.2 단결정 실리콘 잉곳 제조 기술

단결정 실리콘 잉곳을 제조하는 데 사용되는 기술로는 쵸크랄스키법과 부유대역법이 있다. 특히, 단결정 웨이퍼 중 약 75 % 이상이 쵸크랄스키 방법으로 생산되고 있다.

5.2.1 쵸크랄스키법

가장 일반적인 방법인 쵸크랄스키법은 액상 용탕으로부터 실리콘 결정을 성장시키는 기초 기술이다. 쵸크랄스키법에 사용되는 인상로의 구조는 노의 중심부에 흑연노가 있으며, 이것으로부터 열방사를 막기 위해 이것을 불투명석영관으로 덮고 다시 그 부분을 공기로부터 차단하기 위해 투명석영관으로 덮는다. 그리고 맨 바깥쪽에는 흑연노를 가열하기 위한 고주파 코일이 있다. 노는 단결정의 인상 조작 중에 용융한 실리콘이 산화되거나 불순물이 혼입하는 것을 방지하기 위하여 잘 정제된 아르곤이나 수소 등과 같은 불활성 가스 및 환원성 가스를 흘리도록 하고 있다. 중앙에 있는 흑연노 속에 고순도의 석영도가니를 넣고 그 속에 덩어리로 된 고순도 실리콘 결정을 넣은 다음, 고주파유도 가열법에 의해서 약 1,500 ℃로 가열하여 석영도가니 속의 실리콘을 녹인다. 가열 방법은 고주파의 유도가열에 의한 방법 외에 흑연을 저항체로 사용하는 저항가열방법도 사용되고 있다. 실리콘이 녹으면, 상축을 내려 그 끝에 붙여 둔 seed의 끝을 실리콘 용융면에 담근다. 그리고 상축을 회전시키면서 서서히 끌어올린다. 회전속도는 보통 5~10 rpm, 속도는 1~2 mm/min이다. 쵸크랄스키법을 이용한 결정 성장 장비의 단결정 성장 시 중요한 요소로는 결정 인상속도와 결정 회전속도의 두 가지가 있고 결정성장로 내의 온도 분포와 밀접하게 연관되어 있다. 그리고 기들 세 가지 요소와 더불어 성장 결정의 크기, 도가니의 형상 및 지름, 도가니 내 용액의 깊이, 결정 성장이 온도제어 등 여러 요소로 서로 복잡하게 작용하고 있다.

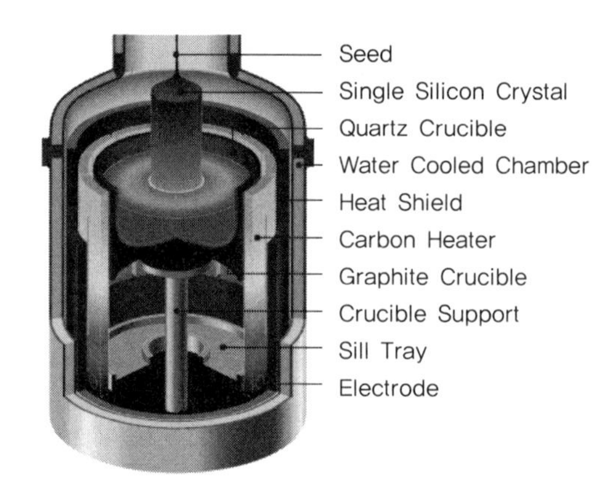

그림 5.7 인상로의 구조

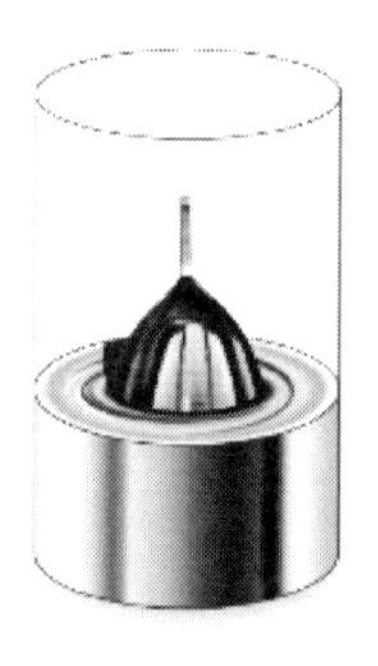

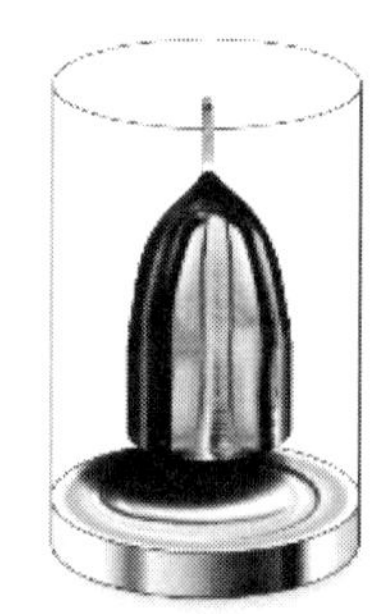

그림 5.8 쵸크랄스키 공정 원리

폴리실리콘 원료를 석영도가니에 담은 후, 소량의 3족 또는 5족의 원소를 첨가하여 n－type 또는 p－type의 잉곳을 제작한다. 보편적으로 B, In, As, Sb 등의 도펀트(Dopant)를 사용한다.

도펀트의 농도가 높아 고용체(완전하게 균일한 상을 이룬 고체의 혼합물)를 형성하지 않고 도펀트가 침전될 수 있기 때문에 적절한 도펀트 농도를 유지해야 한다. 용융상에 분포되는 도펀트들은 고체(잉곳)와 액체(용융액)에서 서로 다른 평행농도를 가지는데, 서로 다른 불순물 농도의 비를 편석계수(segregation coefficient)라고 한다.

$$k = C_s / C_l$$

C_s 는 고체 도펀트의 평형농도이며, C_l은 액체 도펀트의 평행농도이다. 도펀트의 편석계수 k는 1보다 작고, 많이 사용되는 도펀트인 B의 k = 0.8, In의 k = 0.35, P = 0.4이다. 편석계수가 1인 경우에 용융상에 첨가된 도펀트의 농도와 잉곳의 도펀트 농도는 같지만 편석계수가 1보다 작은 경우, 용융상의 도펀트 농도가 결정상의 농도보다 높아 결정 성장이 진행되면서 용융상의 도펀트 농도가 높아지게 되어 잉곳의 윗부분보다 아래로 갈수록 도펀트의 농도가 높아진다.

5.2.2 부유대역법

결정을 성장하는 쵸크랄스키방법 외에 상업적으로 단결정 실리콘을 생성하는 유일한 다른 방법이 부유대역법이다. 이 방법은 단결정을 형성시키기 위하여 개발된 것이 아니라 고순도 실리콘을 생성하기 위해 불순물을 제거하는 방법으로 개발된 공정이다. 부유대역법으로 생산되는 웨이퍼는 크기가 자유롭지 못한 단점을 가지고 있어서 현대 상업적으로 활용은 저조한 상태이다.

부유대역법은 다결정 실리콘 봉을 이용하여 용융된 영역으로 천천히 이동시키면서 용융 과정을 거쳐서 단결정 실리콘으로 성장되도록 하는 방법이다. 그러나 부유대역법은 말 그대로 부유대역에서 다결정 실리콘이 단결정화되면서 접촉되지 않고 단결정을 성장시키는 방법으로 산소 불순물의 유입 가능성이 적고 결정성장로 내부에 흑연가열기를 사용하지 않아 탄소 불순물의 유입이 적은 등 인위적인 첨가 불순물이 적어 고순도의 잉곳 제작이 가능하다. 그림 5.9는 부유대역법 결정성장로 장치의 구조를 나타

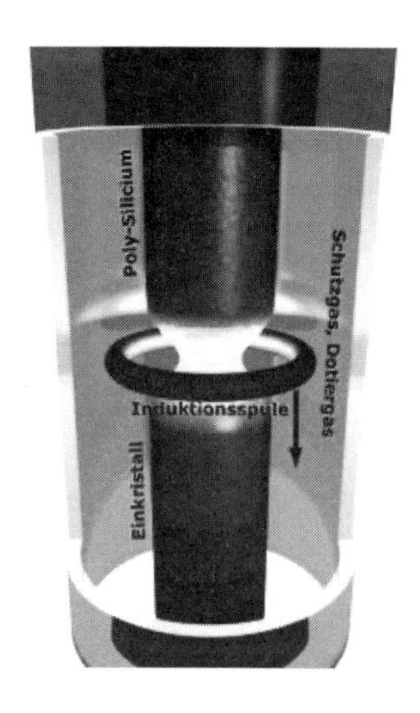

그림 5.9 부유대역법에 사용하는 장치 구조

내고 있다.

5.3 웨이퍼 제조

단결정 실리콘 잉곳은 앞에서 언급한 쵸크랄스키법과 부유대역법으로 성장시키면 원기둥의 모양을 가진다. 쵸크랄스키법으로 성장시킨 단결정 실리콘 잉곳의 윗부분과 아랫부분은 제거(잉곳의 윗부분과 아랫부분은 불순물이 많고, 지름이 일정치 않다.)하고 남은 잉곳 부분으로 웨이퍼를 제조한다. 대부분의 웨이퍼는 표면방위가 [100]이나 [111] 방향으로 나타나고, 둘레에는 1~2개의 플랫(웨이퍼 둘레에서 나타나는 직선 영역)을 가지고 있다. 웨이퍼의 플랫 중에 좀더 긴 제1플랫을 통해 표면에 위치하는 결정 방향을 용이하게 판별할 수 있다. 두 플랫의 상대적 방위는 그림 5.10에 보여진 약정에 따라 웨이퍼의 종류(n형 또는 p형)와 표면방위를 가시적으로 나타낸다. (100)웨이퍼에 대해, 웨이퍼의 가장자리를 따른 제1플랫은 (011)면이고, 표면에 위치하면서 플랫에 수직인 방향은 [011]가 된다. (111)웨이퍼에서 제1플랫에 수직선은 [$[\bar{1}10]$ 방향으로 놓인다. 따라서 사용자는 웨이퍼의 모양을 보고 표면에서 두 개의 결정축을 알 수 있으므로 표면 내의 임의의 다른 방향에 대한 방위를 추론할 수 있다. 예를 들면, 이것은

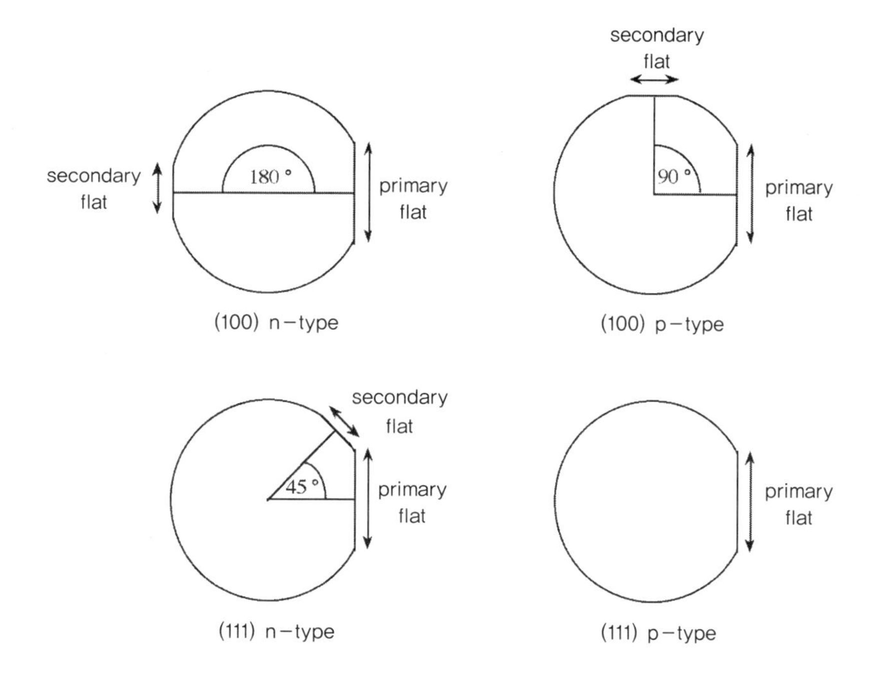

그림 5.10 웨이퍼의 플랫을 감정하는 약정

웨이퍼의 표면에 소자를 특정한 방향으로 배치시킬 때나 제작된 소자를 분리하기 위해 웨이퍼를 자를 때 응용된다.

단결정 실리콘 웨이퍼의 제조 공정은 그림 5.11과 같은 과정으로 진행된다.

(1) Brick 제작 및 검사

실리콘 잉곳을 웨이퍼로 제조하기 위해 잉곳의 모서리와 표면을 연마하고, 원하는 사이즈로 절단한 것이 Brick이다. 이렇게 제작된 Brick은 여러 가지 검사를 거쳐 평가를 받게 된다.

(2) Mounting 그리고 Sawing

Mounting은 제작된 Brick을 Slicing하기 위해 받침대에 고정시키는 공정이다. Brick을 Slicing할 때 그 두께가 얇아 파손되기 쉽다. 특히 Slicing 마지막에 와이어에 의해 튕겨나가 파손될 가능성이 높기 때문에 고정시키는 것이 중요하다. 일반적으로 Brick을 받침대에 고정시키기 위해 왁스를 이용한다.

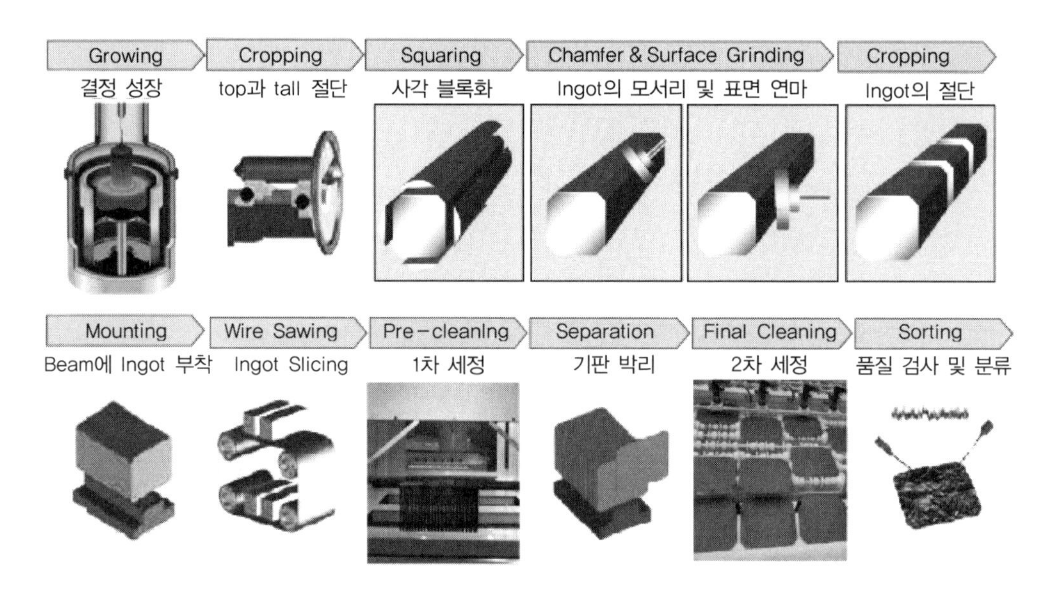

그림 5.11 웨이퍼 제조 공정

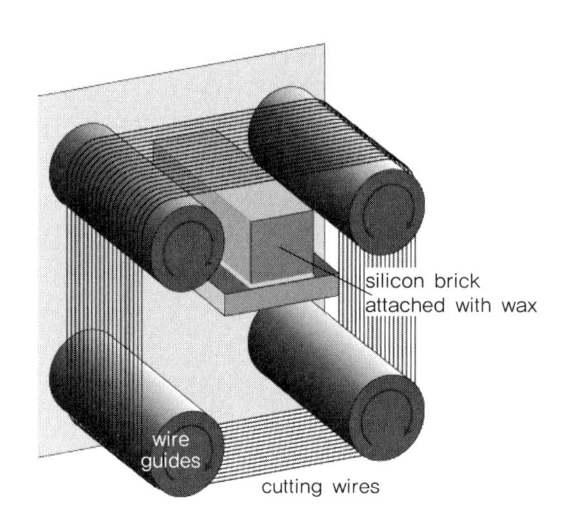

그림 5.12 sawing 공정 모식도

Sawing은 그림 5.12에서 보듯이 받침대에 고정된 Brick을 와이어를 이용하여 얇게 잘라내는 공정으로 손실률이 40 % 정도로 높다.

(3) Cleaning, Separation, Spin Dry

Cleaning은 Slicing 후 하는 Pre-Cleaning(1차 세정)과 Mounting 공정에서 Brick을

부착시킬 때 사용한 왁스를 제거한 후에 실시하는 Final-Cleaning(2차 세정) 공정으로 나뉜다.

Pre-Cleaning은 Slicing 공정 중 생긴 표면의 손상을 제거하는 공정이다. 주로 KOH 용액을 세정에 사용한다.

Separation은 Mounting 공정에서 Brick을 받침대에 부착시키기 위해 사용한 왁스를 녹여 Slicing한 웨이퍼를 분리시키는 공정이다. 얇은 두께로 인해 파손되기 쉬워 Separation은 물속에서 수압 등을 이용하여 분리한다.

Final-Cleaning은 Separation하여 얻은 낱장의 웨이퍼를 마지막으로 세정하는 공정이다.

Spin Dry는 Cleaning을 끝낸 웨이퍼 표면에 묻어 있는 수분을 제거하는 공정으로 웨이퍼를 빠른 속도로 회전시켜 표면의 수분을 제거한다.

(4) Sorting과 Packaging

Sorting은 제조한 웨이퍼의 품질을 검사하여 분류하는 공정으로 Inspection과 Pack-aging 두 공정을 합쳐 부르는 공정이다.

Inspection은 세척 후 건조시킨 웨이퍼를 검사하는 공정이다. 웨이퍼의 두께와 평탄도, 비저항, Particle(입자), Metallic impurities(금속 불순물), 크랙 등 웨이퍼의 물리적 특성과 웨이퍼 Type 등의 검사를 실시한다.

Packaging은 검사를 통과한 웨이퍼를 분류하여 오염 및 습기가 없이 사용자에게 전달되도록 진공 포장하는 공정이다.

그림 5.13 웨이퍼 세정 공정

5.4 웨이퍼 가공

바이폴라 트랜지스터나 MOSFET와 같은 반도체 소자들의 면적은 기껏해야 수 mm^2 정도이다. 따라서 한 장의 웨이퍼에는 그림 5.14와 같이 임의 반도체 칩(chip)을 매우 많이 반복·나열시킬 수 있다. 예를 들어, 칩의 크기가 $1 \times 1\ mm^2$인 어떤 트랜지스터를 4″ 웨이퍼에 제작할 경우, 한 장의 웨이퍼를 통해 얻을 수 있는 트랜지스터 칩의 수는 약 7,500개로 나타난다.

이러한 웨이퍼의 가공은 많은 단계의 공정을 거치게 되며 전체 공정은 습도, 온도, 조명 등이 세심히 제어되는 클린룸에서 행해진다. "깨끗한 실내" 분위기는 반도체 소자의 생산수율과 직결되므로 청정실에서 작업하는 사람은 불순물 입자의 생성을 방지하기 위해 방진복, 모자 등을 착용한다. 또한 제조 공정 중에 웨이퍼를 세척하는 데 이용되는 물은 고유저항이 $18M\Omega cm$ 정도로 나타나는 잘 여과된 DI water이며, 각종 화학약품 및 기체들도 고순도의 물질이 사용된다.

반도체 공정은 크게 나누어 사진 전사, 식각, 확산, 박막증착의 4개로 구분되고 이 단위 공정들이 여러 번 반복 시행되어 반도체가 완성된다.

5.4.1 사진 전사(Lithography)

lithography는 석판 기술의 의미이지만 반도체 공정에서는 사진과 유사한 기술로 반도체 회로를 웨이퍼상에 형성하는 기술이다.

반도체 소자의 종합적인 도면이 완성되면 소자의 영역을 마스크별로 분류하고 각각의 패턴을 실현하고자 하는 크기의 반복·나열로 광학적으로 결함이 없는 유리판에 옮긴다. 이렇게 하여 만들어진 마스크(mask)는 마치 사진의 원판과 같은 것으로, 마스크상의 불투명한 패턴은 자외선 영역의 빛을 통과시키지 않는다. 웨이퍼 가공에 필요한 마스크 수는 제작하고자 하는 소자의 종류에 따라 다르며 경우에 따라서는 약 20장 이상의 마스크가 필요한 공정도 있다.

마스크가 준비되면 공정 순서에 따라 마스크상의 패턴을 웨이퍼로 옮기는 작업을 수행하게 되는데 이러한 일련의 작업을 '사진식각 공정'이라고 한다. 사진식각은 마스크의 패턴을 웨이퍼에 옮겨 웨이퍼 표면에서 선택적 공정을 수행할 수 있도록 하는

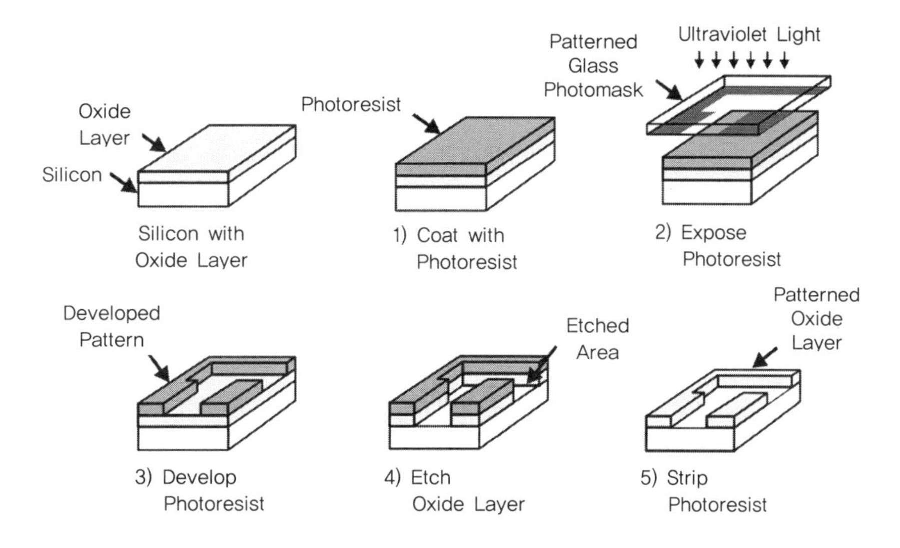

그림 5.14 lithography 공정 순서도

사진 인쇄 기술이다. 그림 5.14는 웨이퍼 표면에 있는 산화막을 마스크상의 패턴대로 형상화하는 작업이며, 이를 통해 사진식각 공정을 알아보도록 하자.

그림 5.14를 살펴보면 먼저 SiO_2 막을 열산화 또는 증착기술로 웨이퍼상에 형성하고 PR(photoresist)을 웨이퍼 전체에 골고루 얇게 바른다. PR은 빛을 쪼인 부분의 화학결합이 약해지는 positive type과 이와 반대의 성질을 갖는 negative type의 두 종류로 나뉜다. positive PR은 빛을 조사받은 부분이 현상할 때 녹아 나가고, negative PR은 빛을 조사받은 부분이 남게 된다.

다음으로 도포된 PR을 약간 건조시킨 후 웨이퍼를 마스크정렬기로 옮겨 화학적으로 앞서 진행된 웨이퍼상의 패턴과 마스크상의 패턴을 정렬시킨 뒤 자외선에 노출시킨다. 그러고 나서 현상액을 사용하여 중합되지 않은 PR을 다시 건조시킨다. 이후 등방성 또는 비등방성식각기술을 이용하여 PR이 덮여 있지 않은 영역의 산화막을 제거

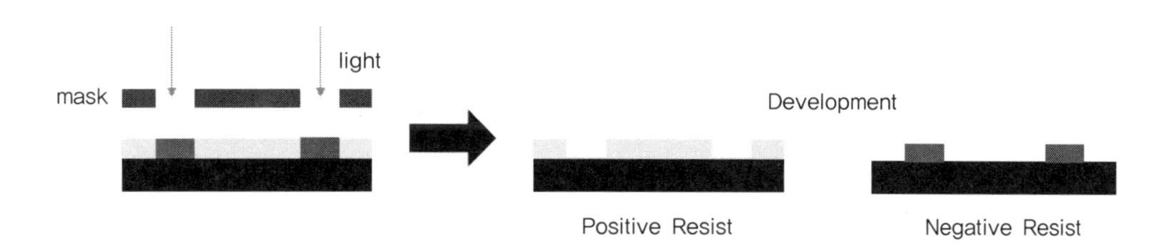

그림 5.15 positive PR과 negative PR

한다. 어떤 막을 등방성으로 식각시킬 때는 식각시킬 층에 따라 이에 쓰이는 화학용액도 달라진다. 산화막을 등방성으로 식각시킬 경우에는 buffered HF를 사용한다. 이때 감광막과 실리콘은 이 식각용액에 침해를 받지 않으며 산화막만이 반응을 통해 선택적으로 식각되고 SiF_4는 기체 상태로 없어지게 된다.

산화막이 식각된 후에는 남아 있는 PR을 화학적으로 또는 산소플라즈마를 이용하여 제거하고 웨이퍼를 깨끗이 세척한다. 이상에서 설명한 광학적 원리에 바탕을 둔 사진식각기술로는 빛의 회절 현상 때문에 1 μm 이하의 패턴을 얻기가 힘들다. 따라서 미세 패턴을 형성하기 위해서는 빛 대신에 전자선을 이용하는 electron beam lithography, 이온을 사용하는 ion beam lithography, 또한 X선을 사용하는 X ray lithography 등의 비광학적 방법을 사용한다. 특히, 전자나 이온과 같이 대전된 입자를 사용하는 경우에는 에너지 및 주사 방향을 조절할 수가 있어서 마스크 없이 직접 웨이퍼에 패턴을 형성시킬 수 있다. 물론, 이 방법은 마스크를 사용하여 한 번에 수많은 패턴을 이식시킬 수 있는 사진식각방법이나 X선 방법에 비하여 웨이퍼 처리 시간이 오래 걸리는 단점이 있다.

5.4.2 식각(etching)

etching이란 resist라고 부르는 유기 보호막에 의한 pattern을 wafer상에 형성하고 보호막이 없는 부분을 화학적 혹은 물리적으로 가공하는 것이다. 이 기술은 lithography와 일체가 되어 미세 가공의 중심 기술로 되어 있다. etching에는 수용액을 쓰는 wet etching과 기체를 쓰는 dry etching이 있고 고정밀도 etching에는 후자가 사용되고 있다.

dry etching에는 장치 내에 도입한 gas에 고주파 전계를 인가하여 발생시킨 plasma 내의 활성종에 의한 화학반응을 이용하는 반응성 plasma etching, 전계에 의해 가속된 이온에 의한 sputter 작용만을 이용하는 무반응성 이온 etching과 그 중간적인 반응성 이온 etching(reactive ion etching)이 있다.

반응성 plasma etching에서는 1.3～13 Pa의 etching gas에 고주파를 인가하여 발생한 활성 radical과 다결정이 산화/화학반응을 일으켜 휘발성의 물질을 생성한다. plasma 전위가 작기 때문에 이온에 의한 충격은 거의 없고 등방성 etching을 할 수 있다. etching gas로서는 프레온(CF_4)이 쓰이고 plasma 내에서 다음과 같이 분해하여 활성의

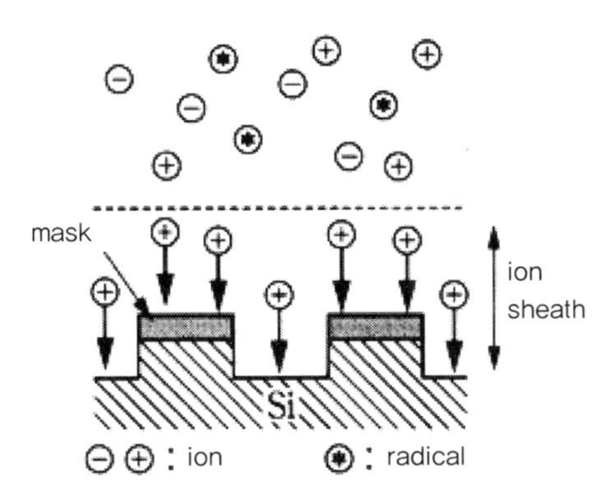

그림 5.16 반응성 이온 식각

F radical이 생성된다.

$$CF_4 \rightarrow CF_3^{+} + F^{*} + e$$

이 radical이 다음의 화학반응으로 S_i와 반응하고 휘발성의 불화 silicon (S_iF_4)를 생성한다.

$$Si + F^{*} \rightarrow SiF_4 \uparrow$$

$$SiO_2 + 4F^{*} \rightarrow SiF_4 \uparrow + O_2$$

산화 실리콘의 etching에서는 결정 실리콘이 etching되지 않도록 하기 위해서 수소를 첨가한다. 수소를 첨가하면 다음의 반응에 의해 F^{*} radical의 발생이 억제된다.

$$F^{*} + H \rightarrow HF$$

Al 전극의 미세 가공에서는 4염화탄소(CCl_4)가 쓰이고 다음과 같이 해리한다.

$$CCl_4 \rightarrow CCl_3^{+} + Cl^{*} + e$$

$$Al + CCl_3^{+} + e \rightarrow AlCl_3 \uparrow + C$$

$$Al + 3Cl^{*} \rightarrow AlCl_3 \uparrow$$

반응성 이온 etching에서는 그림 5.16에 보이는 것 같이 한편의 전극에 condenser를 사이에 넣어 고주파 전력을 인가하고 다른 쪽의 전극을 접지하여 반응성 gas를 도입한다. 고주파 전계를 기초로 전계가 양일 때의 plasma 내의 전자가 전극에 도달하여 전류가 흘러 condenser가 충전된다. 이 결과로 음극 강하가 생겨서 전극 표면 근방에 이온 sheath층이 형성된다. 이 층의 두께는 0.1~1 mm, 이 층에 걸리는 전압은 수백~1000 V이다. 이 이온 sheath층 내에서 그림 5.16과 같이 활성 이온 입자는 wafer 표면과 수직한 전계에 의해서 가속되어 수직 방향의 etching이 진행된다. 이 반응성 이온 etching에 의해 측방에서의 etching이 작은 이방성 etching이 가능해져서 초집적 회로 제조에서의 중요한 기술이 되고 있다.

5.4.3 확산(diffusion)

p－n 접합을 형성하는 가장 보편적인 기술은 불순물을 확산하는 방법이다. 도펀트의 확산은 원칙적으로 캐리어의 확산과 같은 개념이나 도펀트가 확산되기 위해서는 결정격자의 빈자리(vacancy)가 존재해야 한다. Si 결정에서 빈자리는 높은 에너지에서 형성되므로 도펀트의 확산은 매우 고온(900~1300 ℃)에서 일어난다.

확산 공정은 그림 5.17과 같이 기본적으로 표면 농도를 일정하게 유지시키면서 시간에 따라 많은 양의 불순물을 기판 내부로 집어넣는 방식(predeposition)과 초기 표면에 있는 불순물의 양을 보존하면서 표면 농도를 줄이는 동시에 표면으로부터 고체 내부로 깊숙이 밀어 넣는 방식(drive－in)으로 나눌 수 있다. predeposition 공정에 있어서 불순물 농도분포는 표면 농도를 N_0, 확산계수와 시간을 D와 t라고 할 때

$$N(x,t) = N_0 erfc(\frac{x}{2\sqrt{Dt}})$$

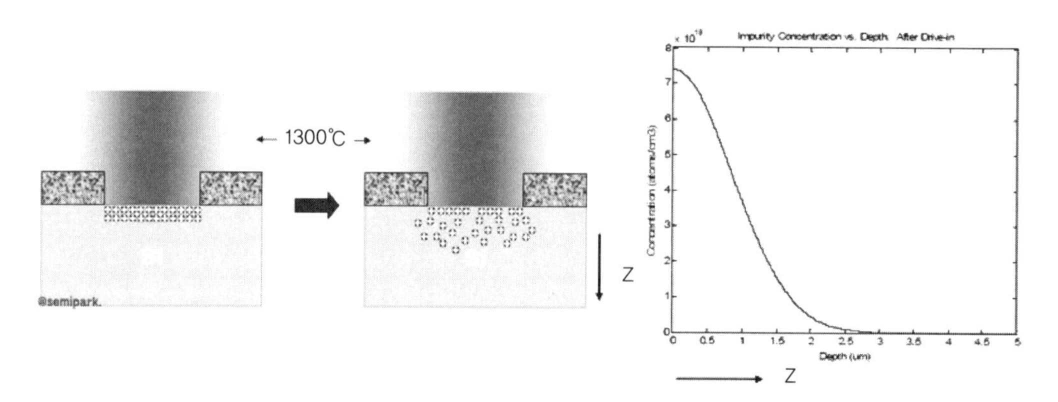

그림 5.17 2 step diffusion

로 나타난다. 실제의 반도체 확산 공정에서는 먼저 predeposition을 통해 매우 얕은 깊이로 적당한 양의 불순물을 집어넣은 후 고온산화 분위기에서 원하는 깊이만큼 drive−in 공정을 수행한다. drive−in 공정 시 웨이퍼의 표면에는 산화막이 형성되어 표면을 통한 불순물의 누출이 방지된다.

5.4.4 박막증착(Deposition)

반도체 소자를 제작하기 위한 웨이퍼 가공에는 필요에 따라 여러 가지 박막 재료들을 증착하는 공정 단계가 수반된다. 반도체 소자 제작에 이용되는 주요 박막 재료들로는 Al(알루미늄), Si, SiO_2, Si_3N_4(실리콘질화물) 등이 있다. Al 금속은 전극 재료로 사용되며 SiO_2와 Si_3N_4는 표면보호막, 유전 및 절연 재료, 선택적 공정을 위한 마스크 재료 등으로 활용된다. 다결정 Si은 게이트 전극이나 배선 재료로 사용되며 단결정 Si 에피텍셜층은 반도체 소자의 p−n 접합이 만들어지는 능동 영역이다.

이들 박막에 대한 증착기술은 기본적으로 화학기상증착(chemical vapor deposition: CVD)과 물리기상증착(physical vapor deposition: PVD)으로 나누어진다. CVD 방식은 증착하고자 하는 물질의 성분을 포함하고 있는 기체화합물을 고온 또는 플라즈마 상태에서 화학적으로 반응시켜 석출되는 물질을 웨이퍼상에 쌓아주는 기술이다. PVD 방식에서는 진공 상태에서 물질을 녹여 기화시키거나(evaporation), 플라즈마 상태에서 Ar(아르곤) 이온을 가속시켜 물질 입자를 두들겨 떼어냄으로써(sputtering), 물질이 화학적 변화 없이 그대로 웨이퍼 쪽으로 옮겨진다. 보통 Al은 evaporation 방식으로 증착되며 Si, SiO_2, Si_3N_4 재료들은 CVD 기술로 증착된다. 특히 고온 CVD 방법으로 웨이퍼상에 Si 단결정층을 성장시키는 기술을 에피텍시(epitaxy)라고 한다. 에피텍시라는 말은 "위에 배열한다"는 그리스어에서 유래되었다. 이것은 기판의 격자 구조와 연속이 되도록 그 위에 얇은 단결정막을 성장시키는 기술을 말한다. 이 성장기술을 사용하는 중요한 이유는 에피텍셜층 내의 불순물 농도를 제어하기 쉽다는 데 있다. 막의 성장 과정에서 불순물을 주입하여, 기판의 불순물에 관계없이 n형 또는 p형을 성장시킬 수 있다. 그러므로 에피택셜 성장은 고농도로 도핑된 기판 위에 저농도로 도핑된 층을 만들거나, 에피택셜층과 기판 사이에 p−n 접합이 전체 표면에 걸쳐 형성되므로, 국부적인 p−n 접합을 형성하기에는 적합하지 않다.

5.5 소자제작 공정

반도체 소자의 제작 과정은 그 종류별로 매우 다양하고 복잡하지만 앞에서 배운 기본 공정 기술을 적절히 이용하면 어떠한 반도체 소자의 제작도 가능하다. 여기서는 바이폴라 트랜지스터를 예로 들어 웨이퍼상에 반도체 소자를 제작하는 공정을 알아본다. 반도체 소자를 제작하기 위해서는 우선 목적하는 소자를 레이아웃하고 공정에 필요한 마스크를 만들어야 한다. 이제 n+형 Si 웨이퍼로부터 소자제작 공정을 완성하기까지의 진행 과정을 순서적으로 살펴보자.

5.5.1 n－에피텍셜층의 성장

n+형 Si 웨이퍼를 깨끗이 세척한 후 고온 CVD 장치에서 N+ 기판 위에 n－에피텍셜층을 성장시킨다. n－에피텍셜 영역은 기판과 도전율이 다르나 결정 구조와 방위가 동일하게 나타난다. 바이폴라 트랜지스터의 능동 영역들은 확산 또는 이온 주입에 의해 이 얇은 에피텍셜층 내에 만들어진다.

5.5.2 초기 산화막의 형성

웨이퍼는 표면산화막(SiO_2)을 얻기 위해 산화 공정으로 들어가게 된다. 이 표면 산화막은 임의 불순물들이 n형 에피텍셜층으로 침투해 들어오는 것을 막아준다. 그러나 산화막의 선택적 에칭은 n형 에피텍셜층의 특정 영역으로 적당한 도펀트의 확산을 허용하게 된다.

5.5.3 베이스 확산창구 개방

사진식각기술로 베이스가 확산될 영역의 SiO_2 막을 선택적으로 제거한다. 이때 한 칩의 단면 구조는 다음 그림 5.18과 같이 나타난다.

5.5.4 베이스 확산

그림 5.18의 구조를 고온확산로에 넣고 그림 5.19와 같이 적절한 공정 조건으로 붕소를 predeposition한다.

붕소 불순물은 산화막 내에서 확산계수가 매우 낮으므로 predeposition 동안 산화막이 덮여 있는 Si 영역으로는 침투되지 않는다. 이후 산화막과 Si 표면에 깔려 있는 붕소유리막을 제거하고 고온산화 분위기에서 Si 표면에 산화막을 형성하면서 불순물 분포를 원하는 깊이만큼 Drive－in 한다.

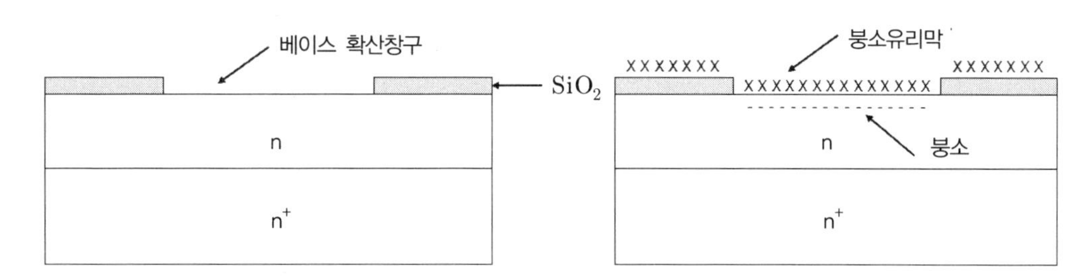

그림 5.18 베이스 확산창구를 개방한 후의 단면 **그림 5.19** 붕소를 predeposition한 후의 단면

5.5.5 이미터 확산창구 개방

그림 5.20의 구조는 다시 이미터 확산영역의 창구를 개방하기 위한 사진식각 공정으로 들어간다.

사진식각 공정에서 웨이퍼는 이미터 마스크에 정렬된다. 웨이퍼상의 베이스 패턴은 광학적으로 구분되므로 마스크상의 이미터 영역을 웨이퍼상의 베이스 영역 한가운데

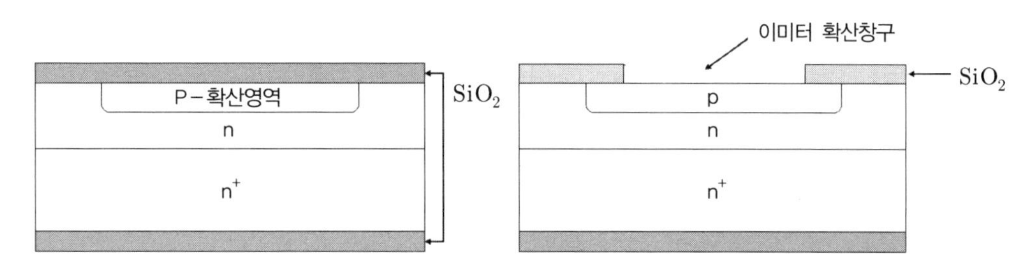

그림 5.20 베이스 drive－in 후의 단면 **그림 5.21** 이미터 확산창구를 개방한 후의 단면

에 정확히 정렬시킬 수 있다. 그림 5.21은 이미터 확산창구를 개방한 후의 단면구조를 보여주고 있다.

5.5.6 이미터 확산

그림 5.21의 구조는 이미터 영역을 형성하기 위해 인을 확산할 수 있는 고온로에 넣어진다. 인의 확산 과정은 기본적으로 붕소의 확산 과정과 동일하나 이미터 영역에서 인의 농도는 베이스 영역에서 붕소의 농도보다 훨씬 높게 도핑된다. 바이폴라 소자에서 베이스 영역의 폭은 베이스 확산 깊이와 이미터 확산 깊이의 차이로 나타나므로 1 μm 이하의 정밀한 베이스 폭을 갖는 트랜지스터를 제작하기 위해서는 이미터 확산 공정을 매우 주의 깊게 다루어야 한다. 그림 5.22는 이미터 확산 공정 후의 단면 구조를 보여주고 있다.

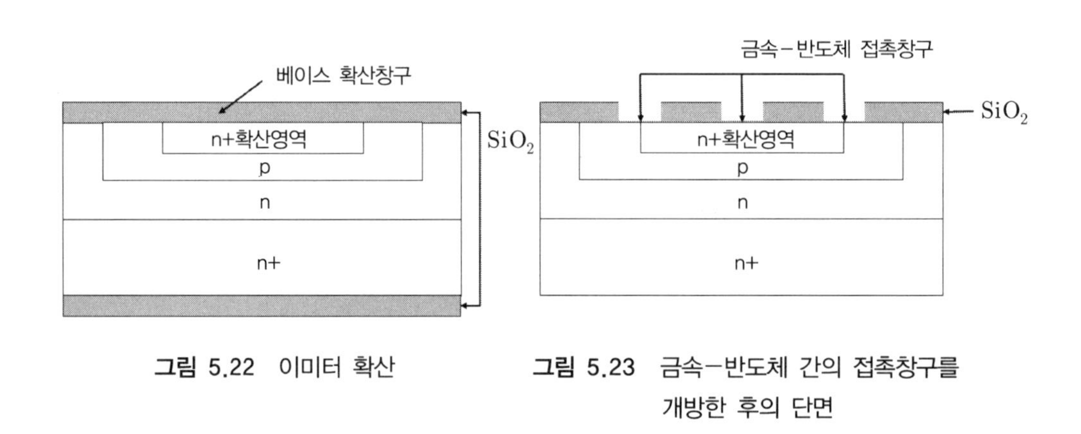

그림 5.22 이미터 확산

그림 5.23 금속-반도체 간의 접촉창구를 개방한 후의 단면

5.5.7 금속-반도체 접촉창구 개방

이미터 확산 공정이 끝나면 트랜지스터의 각 영역에 전극을 부착하기 위해 금속-반도체 간의 접촉창구를 개방해야 한다. 이는 마스크를 이용하여 사진식각기술로 실현할 수 있으며, 금속-반도체 간의 접촉창구를 개방한 후의 단면 구조는 그림 5.23과 같다.

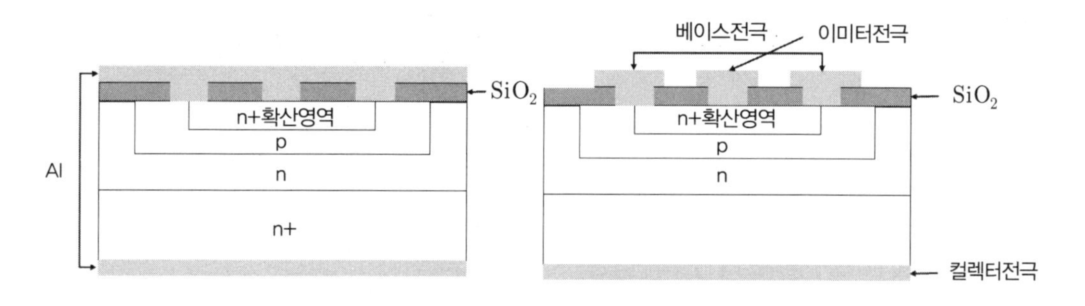

그림 5.24 Al 금속을 증착한 후의 단면

그림 5.25 제작 공정이 완성된 바이폴라 트랜지스터의 단면

5.5.8 금속증착과 전극형성

그림 5.23의 구조에서 각 반도체 영역에 전극을 붙이기 위해 웨이퍼의 앞·뒷면 전체에 얇은 막의 Al 금속을 진공 증착한다. 그림 5.24 이후 전극마스크를 이용하여 사진식각기술로 웨이퍼상의 불필요한 Al 금속을 제거하고, 금속과 반도체 간에 긴밀한 옴접촉(ohmic contact)을 실현해주는 것으로 소자의 제작 공정이 완성된다(그림 5.25).

5.6 패키지 및 테스트

웨이퍼 가공이 완료되면 웨이퍼 상태로 각 칩의 기능이 양호한지 불량인지를 전기적인 규격에 따라 선별한다. 여기에는 본딩패드에 맞도록 준비된 프로브카드를 사용하며 프로브카드의 각 핀이 본딩패드에 잘 접촉되었는지 확인한 후 검사를 시작한다. 검사의 규격은 컴퓨터에 입력되며, 컴퓨터는 한 칩씩 검사할 때마다 각 칩의 정보를 기록하고 그 결과로 해당 칩이 양품인지 불량인지를 확인하여 불량품에 대해서는 잉크를 찍어 표시한다. 웨이퍼 검사가 끝나면 각 칩의 가장자리 여백을 따라 다이아몬드 칼을 사용하여 칩을 분리하는데, 이때 분리된 칩을 다이라고 한다. 이후 육안검사를 통해 양품의 다이를 골라 패키징 하우스나 헤더에 부착한다. 다이부착(die attachment) 작업은 가열된 헤더 위에 녹아 있는 금이나 에폭시에 다이를 문질러서 고정시킨 후 헤더를 식힌다. 패키지에 다이가 부착되면 패키지에 있는 핀과 칩 내에 있는 본딩패드

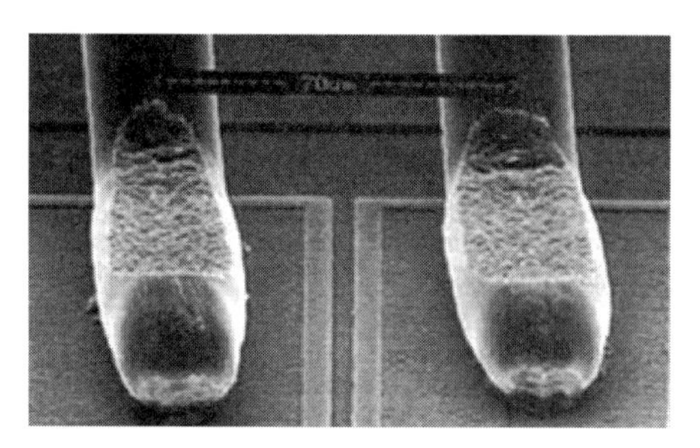

그림 5.26 열압착법과 초음파법을 이용한 wire bonding 공정

를 지름이 25 μm 정도인 가는 금이나 알루미늄선으로 연결한다. 이러한 작업을 와이어 본딩이라고 하며, 와이어 본딩 기술로는 불활성 기체 분위기에서 열과 압력을 가해 본딩패드와 패키지 핀을 연결하는 열압착 본딩과 초음파 등을 이용하는 초음파 본딩이 있다. 그림 5.26은 금선을 알루미늄 패드에 열압착 방법과 초음파 방식으로 본딩한 사진이다.

와이어 본딩이 끝나면 패키지를 불활성 기체 분위기에서 밀봉시킨다. 패키지가 완료된 후에는 마지막으로 직류 및 교류, 기능 검사를 하는 것으로 마무리한다.

연습문제

1. poly-silicon을 만드는 과정을 화학식으로 표현하라.

2. Si(100) 웨이퍼의 표면 중심으로부터 제1플랫에 수선 방향은 [011] 결정방위를 갖는다. 이 수선으로부터 표면을 따라 시계 바늘 방향으로 45° 및 90° 회전된 결과정방위는 각각 어떻게 나타나는가?

3. 산화막이 형성된 웨이퍼에서 PhotoResist가 negative type일 경우, 결과적으로 얻어지는 산화막의 모양을 그리라.

4. 편석계수(segregation coefficient)에 대해 설명하고, 붕소, 인듐, 인의 편석계수를 쓰라.

5. 웨이퍼 식각 공정을 진행할 때의 반응식을 쓰라.

6. two-step diffusion 공정에 대해 설명하라.

7. 반도체 공정을 모식도로 표현하라.

CHAPTER 06

반도체 산업

반도체 산업에 대한 중국 정부의 전폭적인 지원이 시작되면서 국내 반도체 기업에 대한 중국 기업의 투자가 활발하다. 이미 복수의 국내 반도체 회사에 대한 중국 기업의 지분투자가 이루어졌고, 최근 또 다른 국내 반도체 회사에 대한 중국 자본의 투자 소문이 업계에 퍼지고 있다.

최근 언론 보도에 따르면 중국 정부는 반도체 산업 육성을 위해 앞으로 10년간 1조 위안(약 180조 원)을 투자할 것으로 알려졌다. 2013년 기준 중국 메모리 반도체 수입은 2,313억 달러로 단일 품목 기준 가장 많다. 중국 최대 LCD 기업인 BOE가 메모리 반도체 시장 진출을 발표한 점은 상징적이다. 정부 지원으로 LCD(액정표시장치), LED 산업 육성에 어느 정도 성공한 중국이 반도체 영역까지 넘보는 것이다. 다만 중국이 이미 성숙 산업인 반도체 분야에서 어느 정도 성과를 낼지는 장담할 수 없다.

반도체는 크게 데이터 저장 용도의 메모리 반도체와 데이터 처리 용도의 비메모리 반도체로 분류되며, 메모리 반도체의 경우, 빠른 속도로 데이터를 처리하지만 전원을 끄면 데이터가 지워지는 D램 반도체, 그리고 속도는 느리지만 많은 양의 데이터를 영구적으로 저장하는 낸드플래시 반도체로 구분된다.

D램 시장에서는 국내 기업인 삼성전자와 SK하이닉스가 합계 83%로 난공불락의 점유율을 지키고 있다. 하지만 여러 업체가 나립한 내드플래시 시장에서는 삼성전자를 제외하고 뚜렷한 강자가 없는 상황이다. 이에 중국의 '반도체 굴기'가 본격화된 것은

이 낸드플래시 시장으로, 중국 칭화유니그룹이 최근 21조 원을 들여 우회 인수한 샌디스크가 3분기 매출을 전 분기 대비 18% 늘리면서 미국 마이크론을 밀어내고 단숨에 업계 3위에 올랐다. 중국은 정부 차원에서 대규모의 펀드를 조성하여 반도체 산업 육성에 나서면서 추격의 속도를 높이고 있으며, 이는 한국의 반도체 산업에 대한 차세대 고성능 반도체 소자 및 재료 개발의 중요성을 부각시키고 있다.

6.1 차세대 반도체

오늘날 전자제품의 급속한 발달을 가능하게 한 네 가지 핵심 기술로는 반도체, 반도체 패키징, 제조, 소프트웨어 기술을 들 수 있다. 반도체 기술은 마이크론 이하의 선폭, 백만 개 이상의 셀, 고속의 처리 능력, 충분한 열방출 효율 등으로 발달하고 있으나 상대적으로 이를 실장하는 패키징 기술은 낙후되어 있다. 이는 반도체의 전기적 성능이 반도체 자체의 성능보다는 패키징과 이에 따른 전기 접속에 의해 결정된다는 것을 나타낸다.

실제 고속전자의 전기 신호 지연의 경우 50% 이상이 칩과 칩 사이에서 발생하는 패키지 지연에 의해 발생하며, 이는 향후 시스템의 크기가 큰 경우, 80% 이상으로 예상되고 있으므로 패키징 기술의 중요성이 부각되고 있다. 또한 반도체와 패키지 기술의 발달을 가능하게 한 또 하나의 핵심 기술로는 이들을 저가로 안정적인 생산을 할 수 있게 한 생산기술이 있었으며, 위의 세 가지 기술을 바탕으로 제조된 전자 하드웨어를 소비자가 간편히 사용 가능하게 한 소프트웨어 기술도 빠트릴 수 없다.

반도체 관련 기술은 고속도와 집적도를 위해 끊임없이 진척되어왔고 앞으로도 그러할 것이다. 배선물질은 금 또는 알루미늄 대신에 구리를 재료로 사용하기 위한 노력이라든지 10 nm급 이하의 디자인 룰을 적용하기 위한 노력 등은 그러한 예의 단편이라고 할 수 있을 것이다. 또한 이러한 기술과 관련하여 기존의 세로 300 nm(12인치), 가로 450 nm(18인치) 웨이퍼로 대체될 추세이며, 웨이퍼의 특성이 양호한 SOI(Silicon On Insulator)도 앞으로 주목받을 것으로 예상된다.

이와 같이 반도체 소자의 고속도와 접적도를 위한 다양한 기술들을 제시한 표 6.1을 통해 각 반도체 공정별 기술을 정리하였다.

유수의 종합 반도체 기업(Intergrated Device Manufacturer: IDM)들은 고속의 처리 능력, 집적 효율 향상을 위한 연구 개발에 박차를 가하고 있으나, 현재와 같은 방식에서는 전자소자 및 반도체에 집적되는 수많은 트랜지스터들이 한꺼번에 과도한 전기를 요구하여 과부하가 걸리는 등 물리적인 한계에 직면한 상황이다.

표 6.1 반도체 제조를 위한 공정별 기술 (자료: Henkel, 2015)

공정별 기술	내용
단결정 성장	고순도로 정제된 실리콘 용융액에 시드(Seed) 결정을 접촉하고 회전시키면서 단결정 규소봉(Ingot)을 성장시킨다.
규소봉 절단 (Slicing)	성장된 규소봉을 균일한 두께의 얇은 웨이퍼로 잘라낸다. 웨이퍼의 크기는 규소봉의 구경에 따라 결정되며 6인치, 8인치, 12인치로 만들어진다. 최근에는 18인치 대구경 웨이퍼로 기술이 발전하고 있다.
웨이퍼 표면 연마 (Wafer Grinding)	웨이퍼의 한쪽 면을 연마(Grinding)하여 거울면처럼 만들어주며, 이 연마된 면에 회로 패턴을 형성한다.
회로 설계 (Circuit Design)	CAD(Computer Aided Design) 시스템을 사용하여 전자회로와 실제 웨이퍼 위에 그려질 회로 패턴을 설계한다.
마스크(Mask) 제작	설계된 회로 패턴을 유리판 위에 그려 마스크를 만든다.
산화 (Oxidation)	800~1,200 ℃ 의 고온에서 산소나 수증기를 실리콘 웨이퍼 표면과 화학 반응시켜 얇고 균일한 실리콘산화막(SiO2)을 형성한다.
감광액 도포 (Photo Resist Coating)	빛에 민감한 물질인 감광액(Photo resist)을 웨이퍼 표면에 고르게 도포시킨다.
노광 (Lithography)	노광기(Stepper)를 사용하여 마스크에 그려진 회로 패턴에 빛을 통과시켜 감광막이 형성된 웨이퍼 위에 회로 패턴을 형성한다.
현상 (Development)	웨이퍼 표면에서 빛을 받은 부분의 막을 현상시킨다.
식각 (Etching)	회로 패턴을 형성시켜주기 위해 화학물질이나 반응성 가스를 사용하여 필요 없는 부분을 선택적으로 제거시키는 공정이다.
이온 주입 (Ion Implantation)	회로 패턴과 연결된 부분에 불순물을 미세한 가스 입자 형태로 가속하여 웨이퍼의 내부에 침투시킴으로써 전자소자의 특성을 만들어주며, 이러한 불순물 주입은 고온의 전기로 속에서 불순물 입자를 웨이퍼 내부로 확산시켜 주입하는 확산 공정에 의해서도 이루어진다.
화학기상 증착 (Chemical Vapor Deposition: CVD)	반응가스 간의 화학 반응으로 형성된 입자들을 웨이퍼 표면에 증착하여 절연막이나 전동성막을 형성시키는 고정이다.
금속배선 (Metallization)	웨이퍼 표면에 형성된 각 회로를 금 또는 알루미늄선으로 연결시키는 공정이며, 최근에는 알루미늄 대신에 구리선을 사용하는 배선 방법이 개발되고 있다.

표 6.1 (계속)

공정별 기술	내용
웨이퍼 자동 선별 (Wafer Inspection)	웨이퍼에 형성된 IC 칩들의 전기적 동작 여부를 컴퓨터로 검사하여 불량품을 자동 선별한다.
웨이퍼 절단 (Wafer Dicing)	웨이퍼상의 수많은 칩들을 분리하기 위해 다이아몬드 톱 혹은 레이저 조사를 통한 웨이퍼를 전달한다.
칩 실장 (Chip Mounting)	날개로 분리되어 있는 칩 중 웨이퍼 자동 선별 테스터에서 정상품으로 판정된 칩을 리드 프레임 혹은 기판 위에 붙이는 공정이다.
금속연결 (Wire Bonding)	칩 내부의 외부 연결단자와 리드 프레임 혹은 기판을 금속선으로 연결해주는 공정이다.
성형 (Molding)	연결 금선 부분을 보호하기 위해 화학수지로 밀봉해주는 공정으로 반도체 소자가 최종적으로 완성된다.

6.1.1 핀펫(FinFET) 공정

핀펫 공정은 기존의 2차원 평면 반도체 소자 구조의 크기를 줄이는 데 따른 물리적 한계를 극복하기 위해 나온 공정이다. 이 핀펫 공정은 기존 2차원 평면 구조가 아닌 입체(3D) 반도체 소자를 만드는 공정이다. 핀펫(FinFET)이라는 명칭은 1998년 미국 버클리대 논문에서 처음 등장했으며, 입체 구조로 반도체를 설계하면서 돌출된 모습이 물고기 등지느러미(핀, Fin)와 닮아 핀펫(FinFET)이라는 이름이 붙게 되었다.

실리콘을 핀(Fin)이라고 불리는 얇은 지느러미 모양으로 세우고 그 양면에 게이트를 설치하는 이중 게이트 구조로 되어 있다.

핀펫 공정은 기존의 2차원 평면 구조보다 반도체 소자 구조의 크기를 보다 더 작게 만들 수 있게 되어 기존의 반도체 소자보다 속도 향상 및 소비 전력 감소(누설 전류 감소), 생산 비용 절감 등 여러 가지 장점을 가지고 있다.

이런 장점을 가장 먼저 도입한 것은 인텔이었다. 인텔은 지난 2011년에 22나노 '3D 트랜지스터(트라이 게이트 트랜지스터)'를 도입한 바 있으며 뒤를 이어 2014년에 반도체 생산 전문 업체인 TSMC가 16나노 핀펫 기술을 적용한 칩을 만들었다. 현재 우리나라에서도 삼성이 지난 2015년 14나노 핀펫 기술을 적용한 모바일 어플리케이션 프로세서(AP) 양산에 성공하였다고 밝혔다.

이 핀펫 기술은 차세대 반도체로 가는 핵심적인 기술이며 더 좋은 성능을 가진 반

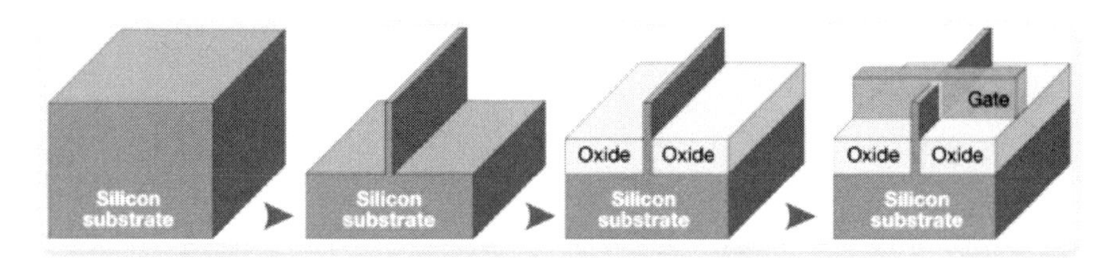

(a) Normal Wafer: FinFETs on regular wafers rely on a timed etch to form the fins

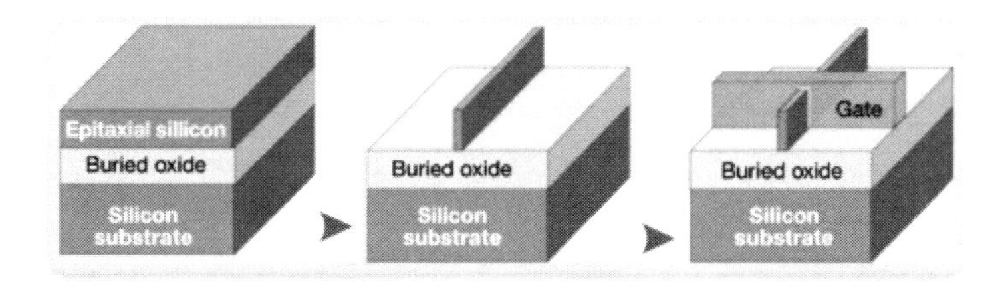

(b) Silicon-on-insulator Wafer: FinFETs on SOI wafers rely on the buried oxide layer to stop the fin etch

그림 6.1 핀펫 공정 과정 (자료: 아이러브 PC Bang)

도체를 만들기 위해서는 더 작은 크기의 반도체를 만들 수 있는 핀펫 기술이 필요하게 될 것이다.

6.1.2 초저전력 차세대 반도체 소자

기존 실리콘 기반 반도체 소자인 CMOS 소자는 thermionic emission 기반의 물리적 동작 특성을 가지기 때문에 V_{DO} 스케일링의 한계에 직면하였다. 그리고 Non-scalable V_{DO}에 의해 power density는 점점 더 증가하였고 power density에 따른 열 발생량은 급증하였다. 이러한 요인들이 CPU의 지속적인 performance 향상을 저해하는 요소가 되면 이런 이유로 Low V_{DO}를 구현하기 위한 차세대 저전력 반도체 소자가 필요하다.

(1) 차세대 반도체 소자 연구 동향

최근 V_{DO} 스케일링에 의한 power issue를 해결하기 위하여 2012년 international technology roadmap for semiconductors(ITRS)에서는 tunnel FET(NCFET), Ionization MOSFET(IMOS), nano-electromechanical switch(NEMS), negative capacitance FET (NCFET)과 같은 차세대 저전력 반도체 소자들을 제시하였다. 이에 차세대 저전력 소

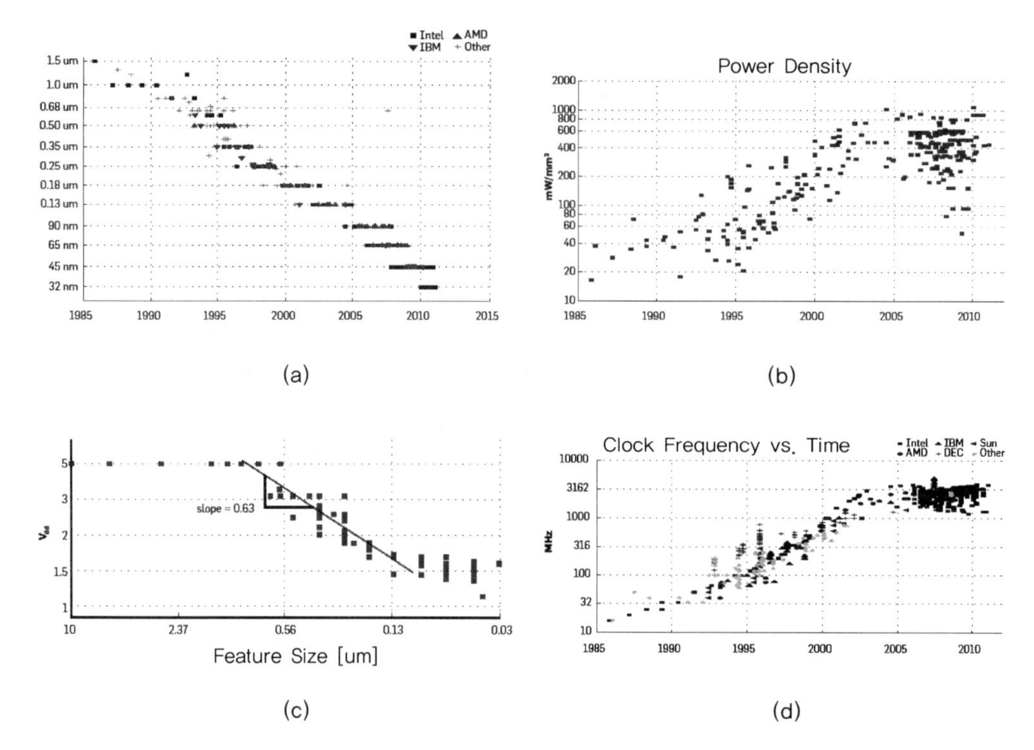

그림 6.2 (a) transistor feature size vs time, (b) power density vs time, (c) V_{DO} vs feature size, (d) clock frequency vs time (자료: 한국산업기술평가관리원)

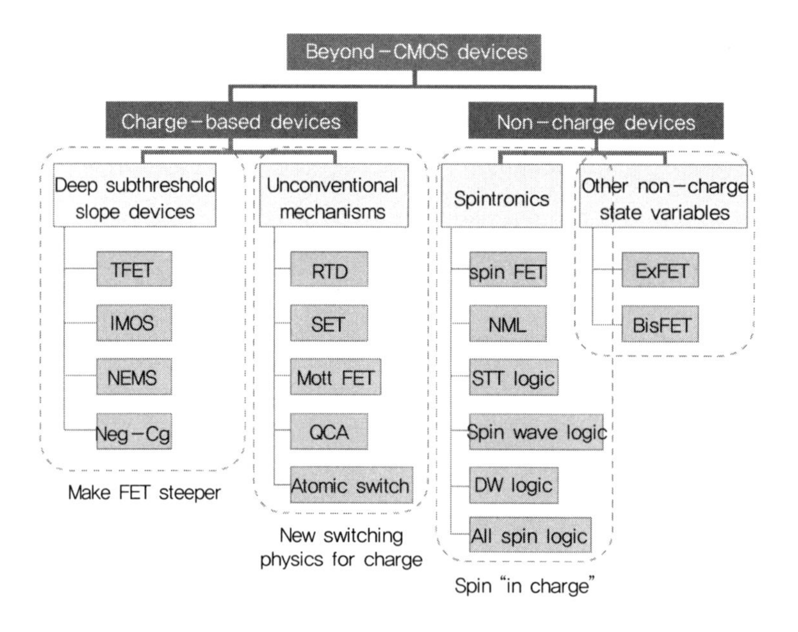

그림 6.3 차세대 반도체 소자 메뉴 (자료: 한국산업기술평가관리원)

자들에 대한 많은 연구가 이루어지고 있으며, 유망한 차세대 저전력 소자로 고려되고 있다. 하지만 기존 CMOS와는 다른 NEMS의 구조적인 문제, TFET의 낮은 on/off ratio, IMOS의 impact ionization을 위한 높은 구동전압 등은 여전히 사용화를 가로막는 기술적 한계점으로 지적되고 있다.

(2) Tunnel FET(TFET)

차세대 저전력 소자인 TFEET는 Classical electrodynamics에서 전자가 자신의 에너지보다 높은 에너지 장벽을 만나게 되면 통과하지 못한다. 하지만 양자 영역에서 전자의 움직임을 파동으로 설명하게 되면 일정 확률을 가지고 에너지 장벽을 통과할 수 있다. 이러한 band－to－band tunneling 현상을 적용하여 subthreshold slope (SS)를 향상시키고자 하는 반도체 소자가 Tunnel FET(TFET)이다. TFET은 1978년 J. J. Quinn (1978)에 의해, channel에서의 tunneling을 위한 p－i－n 구조가 연구된 이후 Tunnel FET에 대한 연구가 지속적으로 이루어지고 있다.

그림 6.5(a)와 그림 6.5(b)는 각각 2010년, 2009년 VLSI 학회에서 UC Berkeley 연구그룹이 발표한 TFET 실험 결과로, p－i－n의 구조를 이용한 tunnel FET의 steep switching 특성이 실험적으로 증명된다. 하지만 TFET의 낮은 on－current 때문에 많은 연구자들이 on－current를 증가시키기 위한 방법으로 tunneling 영역에서의 band－gap modulation에 관해 연구하였고, 이를 위해 Ge나 Ⅲ－Ⅴ 반도체 재료들을 사용한 heterostructure TFET들에 대한 연구가 증가하는 추세이다.

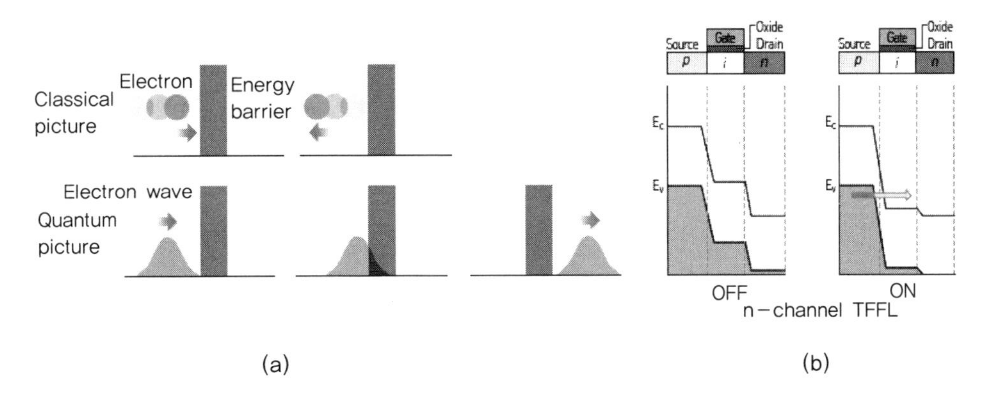

그림 6.4 (a) tunneling mechanism, (b) Tunnel FET의 동작원리(자료: 한국산업기술평가관리원)

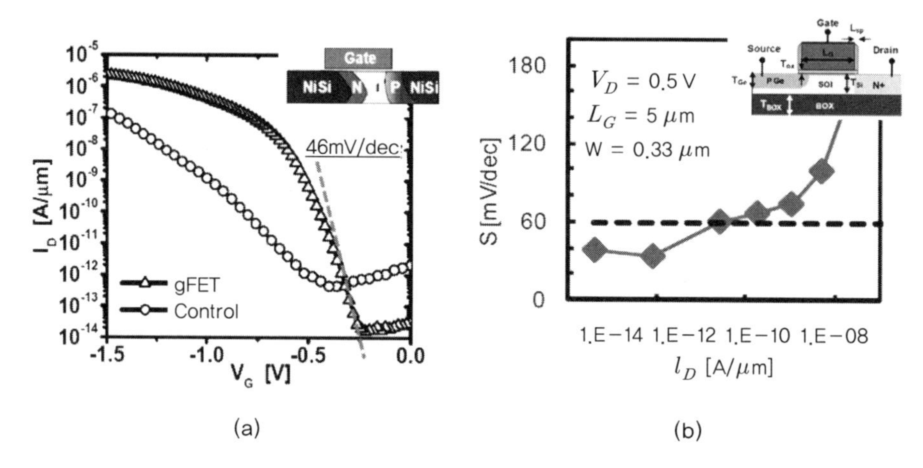

그림 6.5 (a) Silicon−based TFET, (b) Ge−source TFET (자료: 한국산업기술평가관리원)

TFET의 p−i−n 구조 때문에 발생하는 소자의 비대칭성도 integration에 있어서 대칭적 구조를 가지는 기존의 CMOS 소자와 비교했을 때, 큰 기술적 문제점으로 고려되는 사항이다. 이에 소자의 성능뿐만 아니라 앞에서 언급한 면적 문제를 해결하기 위해 vertical 형태의 TFET들이 연구되고 있으며 현재 TFET은 차세대 반도체 소자로서 지속적인 관심과 연구가 이루어지고 있지만, 많은 실험 결과에서 low drive current, low on/off current ratio, 비대칭성, 그리고 실험 재현의 어려움 등 문제점이 발생하고 있는 상황이다.

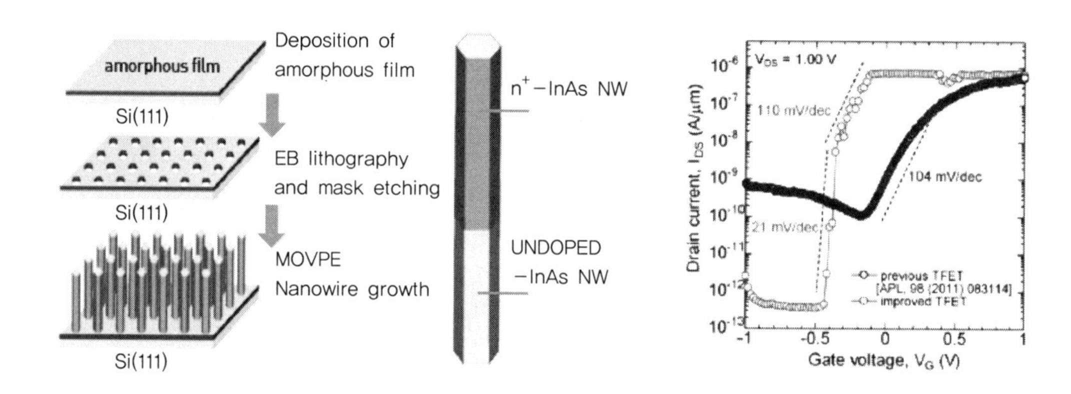

그림 6.6 Vertical Ⅲ−Ⅴ족 TFET(자료: 한국산업기술평가관리원)

(3) Nanoelectromechanical Switch(NEMS)

NEMS는 nano−electro−mechanical switch의 약자로, 인가전압에 따라 채널 전극이 소스와 드레인을 연결하거나 분리하는 기계적인 동작을 통해 on/off−state를 구분하는 반도체 소자이다. 이 소자 Off 상태에서는 누설 전류가 전혀 없기 때문에(Zero off−current) 이상적으로는 대기전력 소모가 전혀 없으며(Zerostandby power consumption) 또한 on과 off 상태 간의 전환이 입력 전압이 인가됨에 따라 급격하게 이루어지기 때문에, 이상적인 NEMS 소자의 경우 SS를 0 mV/decade까지 낮출 수 있고 이로 인해 매우 낮은 구동전압의 구현이 가능하게 하는 초저전력 차세대 반도체 소자이다.

현재 NEMS는 유망한 차세대 저전력 소자로서, UC Berkeley, MIT, Stanford와 같은 연구그룹에서 연구가 진행되었으며 2−, 3−, 4−terminals을 가지는 다양한 NEMS들이 등장하고 있다. 거기에 Si, SiC, CNT 등 다양한 재료를 통하여 NEMS의 동작 및 성능을 향상시키는 연구들이 이루어지고 있다. 그리고 국내 연구그룹(KAIST)에서도 Sub−1V 이하의 구동전압을 구현(Nature Nano. 2013)하는 등 뛰어난 연구 성과를 보이고 있을 만큼 NEMS는 높은 관심을 가지는 개발 대상 중 하나이다. 그래서 NEMS에 관한 연구는 다른 저전력 소자들에 비해 연구가 많이 진전되었으며, 현재 간단한 논리회로가 실험적으로 구현되고 있다. 하지만 여전히 많은 실험 결과들에서 높은 구동전압(high pull−in voltage), hysteresis 특성, 뿐만 아니라 나노 스케일에서 off−state tunneling현상, 동작에 따른 성능열화 등이 기술적 어려움으로 남아 있다.

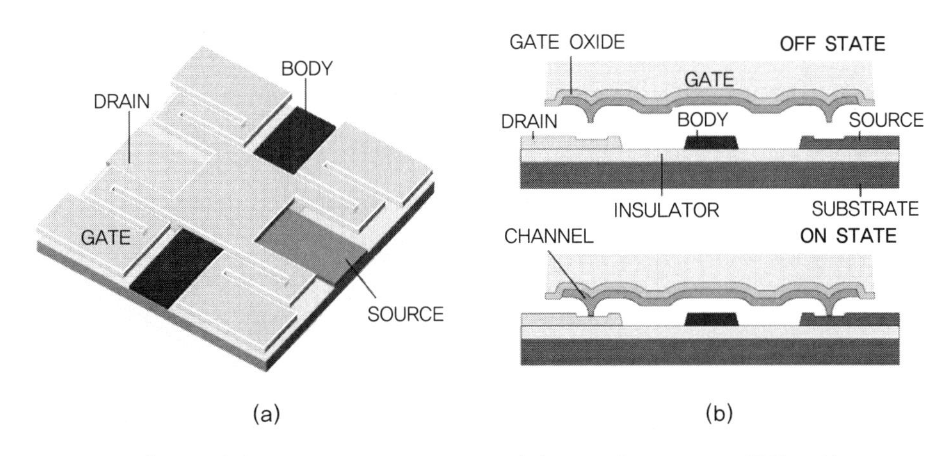

그림 6.7 (a) Four−terminal NEMS, (b) On−/Off−state 동작 묘사
(자료: 한국산업기술평가관리원)

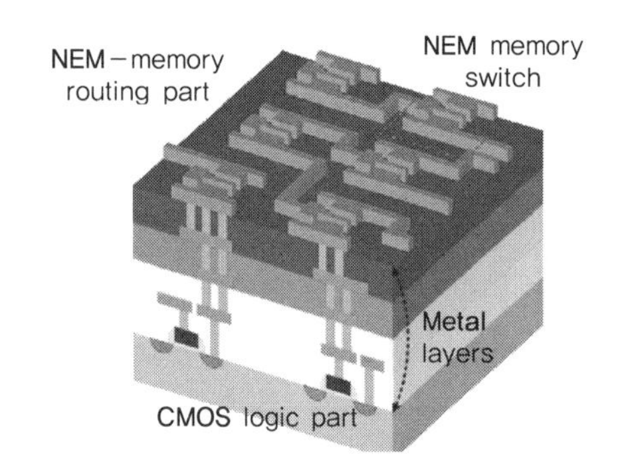

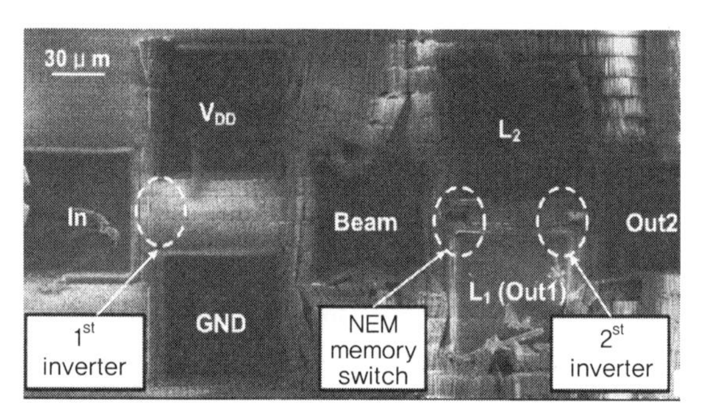

그림 6.8 CMOS+NEMS hybrid 회로(자료: 한국산업기술평가관리원)

그럼에도 불구하고 NEMS의 좋은 SS 특성, very low leakage current 등의 특성 때문에 기존의 CMOS와 함께 사용하기 위한 back-end-of-line(BEOL) NEMS, NEMS+ CMOS hybrid circuit 등의 응용 연구들이 이루어지고 있다.

(4) Negative Capacitance FET

capacitance란 어떤 물질이 전하를 저장하는 능력을 나타내는 지표이다. 실제로 모든 전자기기에서 나타나는 일반적인 capacitor는 전압이 capacitor에 인가되었을 때 전하를 저장하게 된다. 새로운 현상은 역설적인 반응을 나타낸다. 즉, 인가되는 전압이 증가하면 전하의 저장이 감소하는데 이것을 Negative Capacitance라고 한다. 이러한 negative capacitance 성분은 1956년 물리학자 R. Landauer에 의해 처음으로 예측되었다. 그 후 R. Landauer의 연구 결과에 따르면 BaTiO3를 Devonshire 이론에 기반하여 분석한 결과, ferroelectric 물질의 위상이 변화하는 과정에서 negative slope의 polarization 특성을 가질 수 있다는 이론을 제시하였다. 현재 2015년에는 UC Berkeley 그룹에서 진행된 ferroelectric capacitor+resistor 회로(RC 회로) 실험에서, ferroelectric capacitor의 negative capacitance 성분이 직접적으로 측정되었고 이러한 결과로 Negative Capacitance는 CMOS device 및 여러 분야에 응용할 수 있을 것으로 예상하였다.

NCFET의 연구는 TFET이나 NEMS와 같은 다른 저전력 소자들에 비해 초기 연구 단계에 있기 때문에, 다방면의 지속적인 연구가 필요한 상태이다. 그렇지만 CMOS 소자와 호환 가능성 및 구조적인 장점, 그리고 최근 연구 결과들을 살펴보면, NCFET 연구가 확대되는 추세이다.

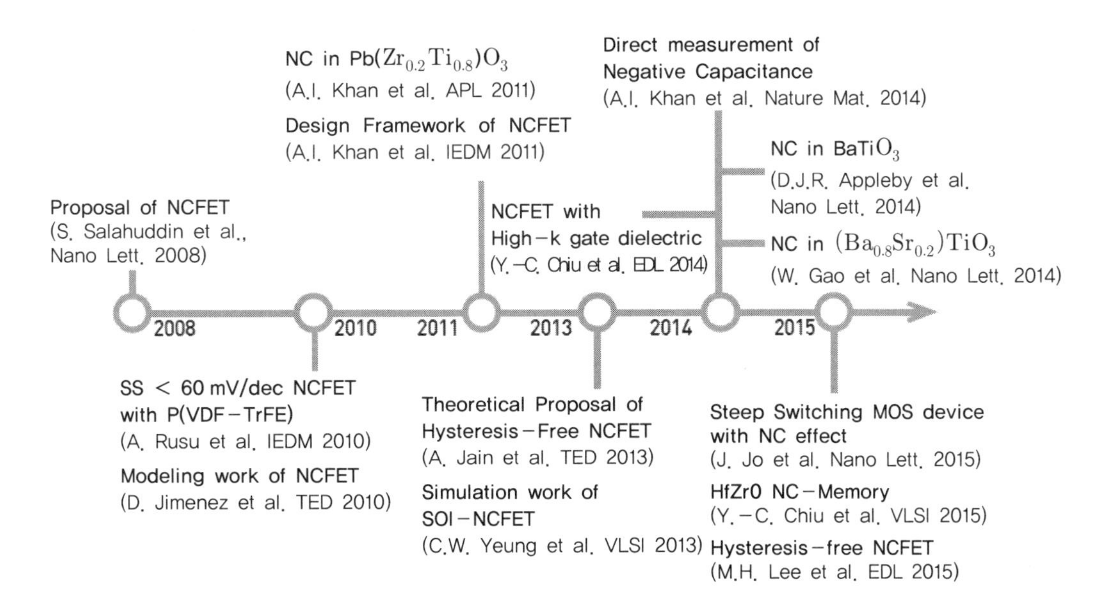

그림 6.9 주요 NCFET 연구 동향 (자료: 한국산업기술평가관리원)

6.2 반도체 산업의 현황과 전망

반도체는 전기신호의 증폭, 정류, 스위칭 등의 기능을 갖는 전자소자로, IT 시스템의 근간을 이루는 핵심 부품으로 고집적, 고성능, 저전력이 핵심 경쟁력이다.

시스템 반도체 및 장비산업 육성 전략이 본격적으로 추진되고 있고, 반도체 장비·부품·재료 산업을 육성하는 계획뿐 아니라 차세대 반도체 R&D 전략 개편 및 실행하는 데 있어서 차세대 반도체 국제공동기술 개발사업 추진계획과 반도체 연구개발사업 중심 구축계획 반도체 장비 · 부품 · 재료 상생협력 계획을 추진하고 있다.

현재 반도체 세계 시장 규모는 3,932억 불('13년)로서 이 중 소자(칩, 3,181억 불), 장비(316억 불) 및 소재(435억 불) 시장으로 구성되어 있고, 소자 중 시스템 반도체가 약 61 %를 차지하고 메모리 반도체는 약 20 %에 불과하다. 시스템 반도체 대비 메모리 반도체 세계 시장은 약 3배 이상 큰 규모이나 국내 반도체 산업은 메모리 반도체 중심으로 조성되어있다.

국내 반도체 산업은 1982년 일관생산체제를 갖춘 후 국가 경제를 주도하는 핵심 산

표 6.2 2013년 주요 국가별 반도체 생산액 현황(단위: 억 불, %)

구분	한국		미국		일본		유럽		대만		기타	소계
	생산액	점유율	생산액	점유율	생산액	점유율	생산액	점유율	생산액	점유율	생산액	생산액
반도체	515.1	16.2	1666.5	52.4	434.3	13.7	276.4	8.7	205.5	6.5	83.4	3181.4
메모리	342.9	52.4	177.3	27.1	87.5	13.4	5.4	0.8	39.5	6.0	2.8	654.5
시스템 반도체	113.8	5.8	1328.0	67.6	169.9	8.6	166.0	8.5	132.0	6.7	55.5	1965.2
광 개별 소자	58.3	10.4	161.1	28.7	176.8	31.5	104.9	18.7	33.9	6.1	26.5	561.5

업으로 전체 산업에서 수출 비중 10~15 %를 차지하며, 2013년의 경우 세계 IT 및 반도체 산업의 회복과 메모리 가격 상승으로 우리나라 총 수출액 중 반도체 수출이 차지하는 비중은 10.2 %로 상승하였다. 이는 2010년부터 진행된 모바일 인터넷 기반의 스마트폰 등 스마트기기들이 급속히 보급되면서 수요가 급상승하였기 때문이다.

또한 국내 반도체 산업은 미국에 이어 세계 2위로 반도체 세계 시장 점유율은 16.2 %를 기록하고 있으며, 반도체 중 메모리는 52.4 %를 점유 중이며, DRAM은 세계 1위로 63.1 %를 점유함으로써 가장 경쟁력 있는 부문으로 발전하였다. 업체별로는 삼성전

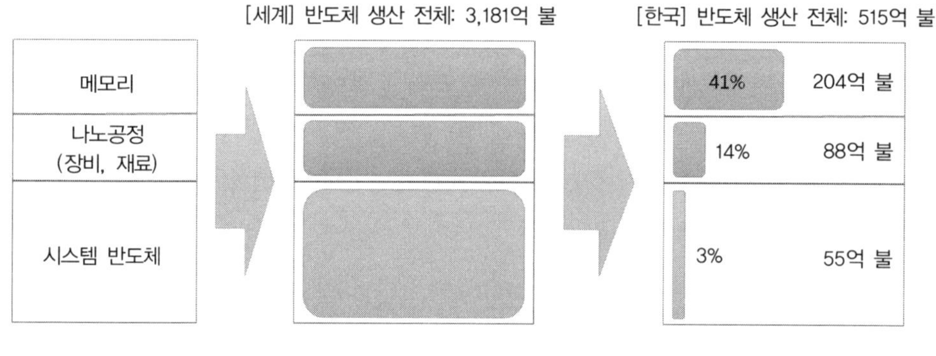

그림 6.10 한국의 세계 시장 점유율(자료: 산업통상자원부 보도자료)

자가 10.6 %(338.23억 불)로 2위를 기록 중이며. 하이닉스는 4.0 %(128.1억 불)로 5위를 기록하고 있으나, 시스템 반도체는 미국 67.6 %, 일본 8.6 %, 대만 6.7 %, 한국 5.8 % 수준에 불과하여 선진국과의 생산기술 격차가 큰 실정이다.

이에 따라 메모리 산업의 주도권을 더욱 강화하고, 열악한 시스템 반도체 산업의 경쟁력 확보를 위한 시스템 반도체 상용화 기술 개발 사업 추진, 장비·재료 산업의 육성, 상계 관세, FTA 등 수입 규제에 대한 대응, 판교 반도체 클러스터 구축, 글로벌 기술경쟁력 확보를 위한 국제 공동연구 활성화, 사업화 지원을 위한 국내외 전시회(iSedex 반도체산업전시회 등) 개최 등 산업 활성화를 위한 정책을 선택과 집중하여 추진하도록 노력해야 할 것이다.

반도체 산업은 기술 개발, 인력 양성, 시스템 반도체 및 장비·재료 산업 육성 등 세부사업 추진을 통하여, 2015년도에는 시스템 반도체 생산 210억 불(시장점유율 7.5 %), 반도체 장비 생산 56억 불(시장점유율 13 %)에 도달하였다.

중점 추진과제로서 첫째, 시스템 반도체(SoC) 발전 기반을 강화하는 데 세계 최고 수준의 메모리 기술 경쟁력을 토대로 선진국에 비해 낙후되어 있는 국내 시스템 반도체의 기반 기술 확보에 주력해야 하며 기존 지원사업의 효율성과 수요기업과의 연계

표 6.3 반도체 수출 비중 추이

구분	반도체 수출 (억 불)	총 수출 (억 불)	반도체 수출 비중(%)	GDP 비중(%)
'00년	260	1723	15.1	5.7
'03년	195	1938	10.1	3.8
'05년	302	2844	10.6	3.6
'06년	374	3255	11.5	5.4
'07년	390	3715	10.5	4.9
'08년	328	4220	7.8	4.7
'09년	310	3635	8.5	5.4
'10년	507	4664	10.9	6.9
'11년	501	5552	9.0	7.5
'12년	504	5479	9.2	7.9
'13년	571	5.596	10.2	8.2

표 6.4 반도체 수출 실적(국가별)(자료: KSIA, 무역협회)

구분(년)	반도체수출액	미국	대만	중국	싱가포르	일본	독일	영국
2008	32,793	2,505	3,868	8,789	3,725	3,576	1,176	433
2009	31,042	2,396	3,050	9,189	3,891	2,718	1,090	328
2010	50,707	3,639	4,729	17,186	4,853	3,335	1,407	512
2011	50,146	2,726	5,436	15,777	5,057	3,074	830	393
2012	50,430	2,611	3,578	17,878	5,072	2,642	511	296
2013	57,142	2,912	3,742	21,670	5,679	2,246	556	350

(단위: 백만 불)

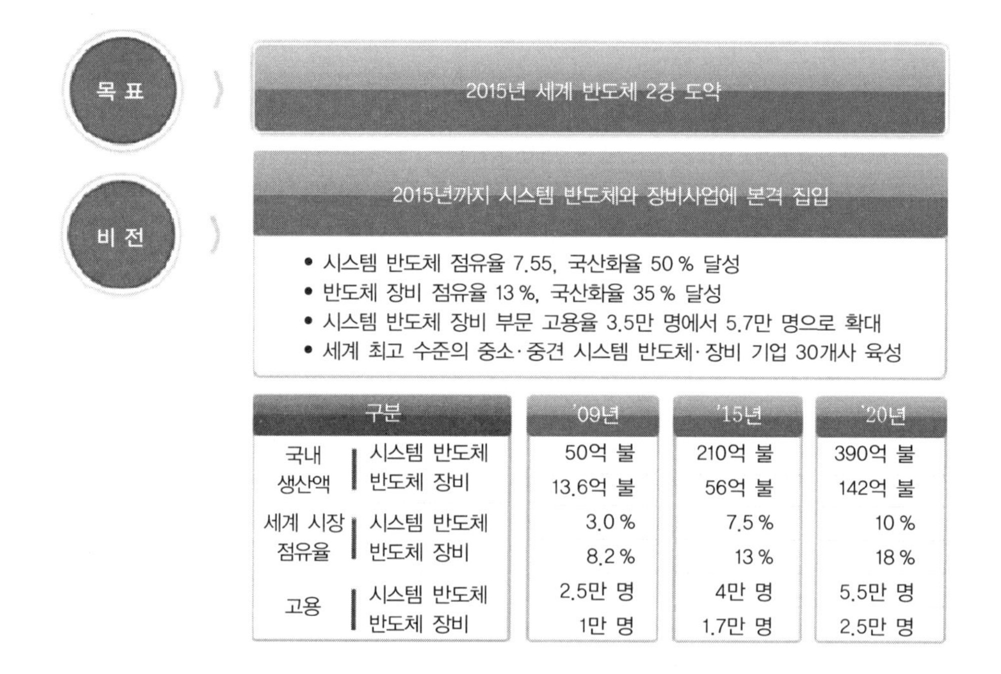

그림 6.11 반도체 산업의 비전

강화를 통해 글로벌 시장 요건에 부합하는 신제품 개발을 선점해야 하는데, 전략적 기술 개발을 통해 시스템 반도체의 경쟁력을 좌우하는 원천기술 및 설계기술을 조기 확보할 뿐만 아니라 시스템 산업과 반도체 산업의 동반 발전 강화를 통해 세계 시스템 반도체 산업 강국을 건설해야 한다.

둘째, 차세대 기술 개발을 전략적으로 추진하는데 시스템IC 2010 사업의 후속 시스템 반도체 상용화 기술개발(시스템IC 2015) 사업 및 미들텍 R&D 사업의 전략적 추진으로 시스템 반도체 분야 글로벌 역량을 강화해야 하며, 글로벌 시장을 선점하기 위해 분야별 기술 개발 환경을 반영한 차별화 전략을 통해 산(産)·학(學)·연(硏)의 공동 기술 개발에 주력한다. 메모리 분야는 경쟁국과의 격차를 늘리기 위해 나노 공정기술의 고도화 및 조속한 차세대 메모리 개발로 지적재산권 선점에 역점을 둔다. 시스템 반도체는 미세화·지능화·융합화·복합화되는 사회적 패러다임의 변화에 따라 수요 확대가 예측되는 시스템 산업과 연계한 반도체 개발정책 수립 및 지속적 경쟁력을 확보하고 PFC 방출 저감 등 친환경 제조기술은 기존 및 신규 설비로 개발 대상을 이원화하여 로드맵에 부합하는 체계적인 추진을 해야 한다.

셋째, 기술혁신 인력양성을 체계화해야 한다. 시스템 반도체 인력양성 사업 및 ITRC(정보통신기술 인력양성) 사업을 통하여, 업계가 필요로 하는 기술 수준의 원천기술 개발 능력을 갖춘 전문기술인력 양성에 원천기술 중심의 교육과목 개편 및 수요 산업과의 연계 강화를 통해 전문기술인력의 창의성을 제고하고, 부족한 생산인력의 확충을 위해 획기적인 인력양성 계획을 수립하며 산업체 인력 재교육 및 생산직 근로자 유인책 등 수요기업의 요구에 부응한 인력 양성을 통해 생산성을 증대시킬 수 있다.

넷째, 장비·재료 기술력의 국내외 수요기업과의 연계 강화를 통해 국제 경쟁력을

그림 6.12 시스템 반도체 2010 vs. 시스템 반도체 상용화 기술개발(시스템IC 2015) vs. 미들텍 R&D 비교

갖춘 장비·재료 선도기업(Leading Company) 원천기술 확보 및 국산 장비·재료의 신뢰성 향상을 위한 "반도체 장비 원천기술 상용화 개발사업", "성능평가 협력사업", "수급기업 투자펀드 사업" 등의 소자업체(대기업)−장비·재료업체(중소기업) 간 상생 협력 프로그램을 통해 세계 일류 장비를 육성한다. 기술 수준 향상 및 Catch−up 전략 수립, 국제 공동연구 활성화, 장비·재료업체의 글로벌화 등을 통해 국내 장비·재료 산업의 기술력과 450 mm 웨이퍼, 20 nm 이하 나노공정 시대에 능동적으로 대응할 수 있는 발전기반 체계의 기반을 둔다.

향후 수년간 전자 소자 및 반도체 산업은 중국의 거센 투자 및 인력 유출을 통한 전례 없는 경쟁이 지속될 것으로 예측되며, 이를 통한 기술의 반전 역시 고도화될 것으로 판단된다. 이러한 고도성장을 예상하게 하는 주요 요인으로 대용량 고속 서버 산업의 발전과 정보 공유 및 저장을 위한 소셜 네트워크 서비스(SNS) 및 클라우드 서비스 그리고 초고속 메모리용 반도체 기술을 통한 모바일 산업을 꼽을 수 있다. 또한 스마트폰 및 웨어러블 디바이스, 와이어리스 인프라 등이 커뮤니케이션 산업의 성장을 이끌고 있으며, 이들 산업의 핵심은 두말할 것도 없이 반도체 기술의 발전이라 해도 과언이 아니다.

반도체 관련 기술은 고속도와 집적도를 위해 끊임없는 기술의 진보가 있을 것이고,

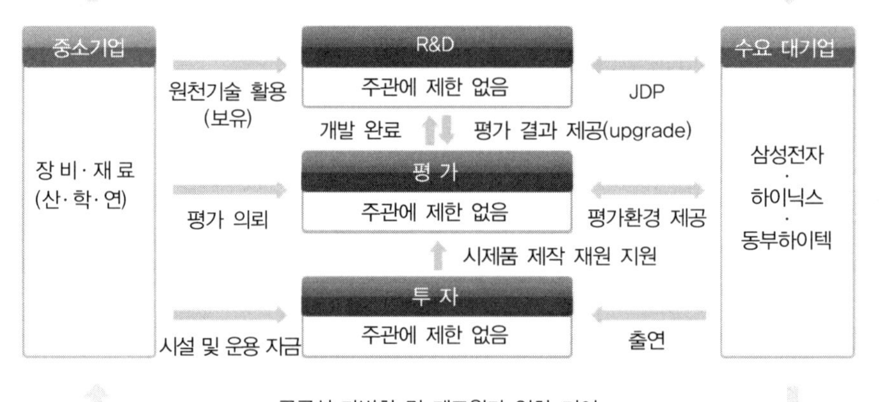

그림 6.13 장비·재료의 기술력 재고

이와 더불어 경박단소화 및 생산단가 하락을 위한 노력도 계속될 것이다. 이러한 기술 변화의 동향으로 450 nm 웨이퍼 공정기술 개발, 고속 동작을 위한 금속배선 기술의 개발, 미세선폭을 만족시키기 위한 노광장비 등 여러 공정장비 및 공정기술의 개발 그리고 물리적 한계를 극복하기 위한 완성칩의 소형화를 위한 패키징 등 여러 분야에서 끊임없는 기술의 진보가 예상된다.

대한민국의 반도체 제조 공정 기술은 세계 메모리 부문의 점유율이 대변하듯이 세계를 선도하는 위치라고 말하는 데 부족함이 없다. 그러나 앞서도 언급했듯이 중국 등 신흥 국가의 기술 추격을 뿌리치고 수위의 입지를 더욱 확고히 하기 위해서는 소자 제조기업에서는 비메모리 분야의 설계기술 확보를 위한 노력에 박차를 가해야 하며, 반도체 장비 및 재료 기업과 협업을 통한 고부가가치의 재료 개발에 관심을 가져야 할 것이다. 특히 물리적 한계에 다다른 반도체 칩 제조에 대한 대안으로 핵심 패키징 장비 및 재료에 대한 국내 개발 및 생산은 우리의 반도체 산업 발전의 지속 가능 성장을 위한 필수 요소임을 생각해야 한다.

참고문헌 REFERENCE

[1] PVCDROM, http://www.pveducation.org

[2] 삼성전자, http://samsungsemiconstory.com

[3] 대학생 태양에너지 기자단, http://solarfollowers.tistory.com

[4] 이준신, 김경해, '태양전지공학 개론', 도서출판 그린, 2013.

[5] 이현용, '개념이 보이는 물리전자공학', 한빛아카데미, 2013.

[6] Korean Chem. *Eng. Res. Vol 46*, *No 1*, Feb. 2008, pp 37-49.

[7] S.O Kasap, *Optoelecetonics*, Prentice Hall, 1999.

[8] 장지근, 장호정, '핵심 반도체개론', 청문각, 2004.

[9] 강구창, '반도체 제대로 이해하기', 지성사, 2010.

[10] Ben Streetman, Sanjay Banerjee, *Solid State Electronic Devices*, Prentice Hall, 2009.

[11] 김봉렬, '전자재료', 한신문화사, 1982.

[12] 한국에너지기술평가원 그린에너지 로드맵, 2011년 6월.

[13] Richard C. Jaeger, '반도체공정개론', Prentice Hall, 2005.

찾아보기

INDEX

알기쉬운 반도체

2016년 5월 30일 1판 1쇄 발행
2018년 8월 10일 1판 2쇄 발행

저　자 ◎ **이 충 훈**

발행인 ◎ **조 승 식**

발행처 ◎ (주)도서출판 **북스힐**
서울시 강북구 한천로 153길 17

등　록 ◎ 제 22-457호(1998년 7월 28일)

(02)994-0071

(02)994-0073

bookshill@bookshill.com
www.bookshill.com

값 13,000원

잘못된 책은 교환해 드립니다.

ISBN 979-11-5971-021-6